玉米田间宝典丛书

西南玉米田间种植手册

李少昆 刘永红 李 晓 谢瑞芝 杨 勤 等 著

中国农业出版社

图书在版编目（CIP）数据

西南玉米田间种植手册／李少昆等著．—北京：中国农业出版社，2011.12（2013.7重印）
（玉米田间宝典丛书）
ISBN 978-7-109-16414-7

Ⅰ．①西…　Ⅱ．①李…　Ⅲ．①玉米-栽培技术-西南地区-手册　Ⅳ．①S513-62

中国版本图书馆CIP数据核字（2011）第266729号

中国农业出版社出版
（北京市朝阳区农展馆北路2号）
（邮政编码 100125）
责任编辑　舒　薇

北京中科印刷有限公司印刷　新华书店北京发行所发行
2011年12月第1版　2013年7月北京第2次印刷

开本：880mm×1230mm　1/32　印张：4.25
字数：110千字　印数：8 001～14 000册
定价：24.00元

撰写人员

李少昆　谢瑞芝（中国农业科学院作物科学研究所）

（联系地址：北京海淀区中关村南大街12号，中国农业科学院作物科学研究所，邮编100081）

（E-mail：lishk@mail.caas.net.cn或shaokun0004@sina.com.cn）

刘永红　杨　勤（四川省农业科学院作物研究所）

李　晓　崔丽娜（四川省农业科学院植物保护研究所）

郑祖平　何　川（四川省南充市农业科学院）

王秀全（四川省绵阳市农业科学院）

杨　华（重庆市农业科学院玉米研究所）

黄吉美（云南省曲靖市农业科学研究所）

黄必华（云南省德宏傣族景颇族自治州农业科学研究所）

任　洪（贵州省农业科学院旱粮研究所）

毕世敏（贵州省遵义市农业科学研究所）

王黎明（湖北省恩施土家族苗族自治州农业科学院）

陈志辉（湖南省农业科学院作物研究所）

程伟东（广西壮族自治区农业科学院玉米研究所）

薛吉全（西北农林科技大学农学院）

石　洁（河北省农林科学院植物保护研究所）

陈新平（中国农业大学资源与环境学院）

张东兴（中国农业大学工学院）

崔彦宏（河北农业大学农学院）

赖军臣（新疆生产建设兵团农六师农业局）

致谢：四川省简阳市、中江县、三台县、剑阁县、会理县、盐源县、仪陇县、广安区，重庆市江津区、武隆县，贵州省桐梓县、息烽县、兴仁县，广西壮族自治区来宾市兴宾区、都安县、平果县，云南省芒市、会泽县、沾益县等市（县）农业局、农业技术推广中心，贵州省遵义市农业局土肥站、植保站、农推站及陕西省汉中市农业科学研究所等单位相关专家和技术人员参加了本书稿的讨论。

前言

玉米是粮食、饲料、加工、能源多元用途作物，被誉为21世纪的“谷中之王”。2001年，玉米已成为全球第一大作物。在我国，玉米的种植面积已超过5亿亩，占粮食作物第一位；产量突破1.9亿吨，仅次于水稻。饲料、加工业的需求，特别是近期以玉米为原料的生物燃料——乙醇的迅速发展，决定了全球玉米需求将持续增长的基本格局。加速玉米先进生产技术的推广与普及，提高玉米的单产和总产水平，是确保国家粮食安全和促进农民增产增收的重要途径。

2012年是全国农业科技促进年，农业部在东北地区组织实施玉米“双增二百”科技行动，为配合科技行动的实施，指导各地有针对性地开展玉米增产增效活动，加快农业人才培育尤其是农村实用人才培养，普及现代玉米生产科技知识，实现全国玉米大面积均衡增产，农业部科技教育司组织有关专家编写了《玉米田间宝典丛书》（以下简称《丛书》）。本套《丛书》共包括6个分册：《北方春玉米田间种植手册》、《黄淮海夏玉米田间种植手册》、《西南玉米田间种植手册》、《西北灌溉玉米田间种植手册》、《北方旱作玉米田间种植手册》、《南方地区甜、糯玉米田间种植手册》。《丛书》撰写力求体现以下特点：

一是针对我国玉米种植分布范围广、生态类型复杂、品种和技术区域特征鲜明的特点，组织全国农业科技入户工程和玉米产业技术体系各地近百名富有实践经验的专家及技术骨干，在深入各产区考察、调研的基础上，分区域、针对生产需求撰写而成。成书过程中还广泛征求了众多农业管理部门、玉米专家、技术人员和科技示范户的意见。

二是随着我国社会经济的发展，目前在玉米生产技术方面体现出4个显著转变：

(1) 由以高产为目标向高产高效转变；

(2) 精耕细作向精简栽培转变；

(3) 小农生产向规模化生产转变；

(4) 手工操作向机械化生产转变。

本套《丛书》力求体现玉米生产技术的转变和引领作用。

三是《丛书》按玉米生产管理环节撰写，介绍每个玉米生长发育时期栽培管理要点，可能遇到的逆境、病虫害和出现的生长异常，主次分明，发生规律简明扼要，技术措施简单明了、切实可行。《丛书》编写力求深入浅出、通俗易懂、图文并茂、简明实用、可操作性强。

本套《丛书》可供各级农业管理部门和广大基层农技推广人员、科技示范户、种粮大户及农资营销人员参考，也可作为基层农技推广体系改革示范县的培训用书。

农业部科技教育司

2011年12月

目录

第一部分 玉米生长发育图解

一、生育期

从播种到新的子粒成熟为玉米的一生。一般将玉米从播种到成熟所经历的天数称为全生育期，从出苗至成熟所经历的天数称为生育期。生育期长短与品种特性和环境条件等因素有关。

某一品种整个生育期间所需要的活动积温（生育期内逐日≥10℃平均气温的总和）基本稳定，生长在温度较高条件下生育期会适当缩短，而在较低温度条件下生育期会适当延长。我国生产上一般将玉米熟期划分为早熟、中早熟、中熟、中晚熟和晚熟5类。一般早熟品种叶片数14～17片，全生育期70～100天，需要≥10℃活动积温2 000～2 300℃；中熟品种叶片数17～20片，全生育期100～120天，≥10℃活动积温2 300～2 600℃；晚熟品种叶片数21～25片，全生育期120～150天，≥10℃活动积温2 600～2 900℃。

我国幅员辽阔，不同种植地区生态条件差异较大，生育期变化也较大，各地划分标准不完全一致。西南山地丘陵玉米区包括四川、云南、贵州、重庆，以及陕西南部、广西、湖南、湖北的西部丘陵地区和甘肃省的一小部分，是我国玉米的第三大产区。据2006—2008年数据统计，该区年均播种面积6 002万亩*，占全国玉米种植面积的14.1%，总产量占全国的11.4%。本区气候、地形、生态条件复杂，90%以上的土地为丘陵山地和高原，河谷平原和山间平地仅占5%，种植模式复杂多样，玉米以春播和夏播为主，还有秋播和冬播，种植区域从海拔几十米的河谷到

* 亩为非法定计量单位，1亩=1/15公顷。——编者注

3 200米的高山；年≥10℃积温平均为5 143℃，90%置信区间为4 847～5 439℃，不同地区的温度与积温差别明显，整体呈现从西北到东南逐步增高的趋势；全区平均无霜期258天，除部分高山地区外，无霜期一般在240～330天；玉米生育期大多在105～135天之间（图1-1，图1-2）。

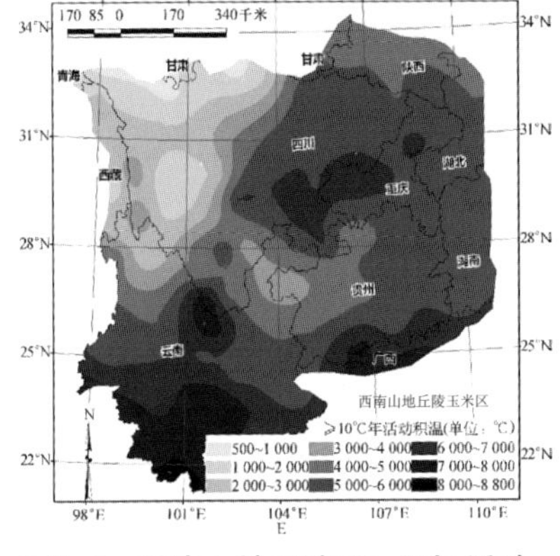

图1-1 西南山地丘陵区≥10℃活动积温分布
（1951—2008年125个气象站点平均数据）

图1-2 西南山地丘陵区无霜期的分布
（1978—2008年125个气象站点平均数据）

二、生育时期

玉米一生中，外部形态特征和内部生理及代谢均会发生阶段性变化，这些阶段称为生育时期。当50%以上植株表现出某一生育时期特征时，标志全田进入该生育时期（表1-1）。

表1-1 玉米各生育时期

播种期	出苗期	三叶期	拔节期

（续）

播种期	出苗期	三叶期	拔节期
播种当天的日期（土壤墒情差时以降水、浇蒙头水之日为准）	第一片真叶开始展开或幼苗出土高约2厘米的日期	第三片叶露出叶心2～3厘米，是玉米离乳期	雄穗生长锥伸长，植株近地面手摸可感到有茎节，茎节总长达到2～3厘米，一般处于6～8叶展开期
小喇叭口期	**大喇叭口期**	**抽雄散粉期**	**吐丝期**

雌穗生长锥进入伸长期，雄穗进入小花分化期，一般处于8～10叶展开期	雌穗开始小花分化，棒三叶甩出但未展开；心叶丛生，上平中空，侧面形状似喇叭，一般处于11～13叶展开期	植株雄穗尖端露出顶叶3～5厘米。一般抽雄后2～3天，花药开始散花粉	雌穗的花丝从苞叶中伸出3厘米

灌浆成熟

从受精后子粒开始发育至成熟，统称为灌浆期。整个灌浆过程又可分为4个阶段。

子粒建成期	乳熟期	蜡熟期	完熟期
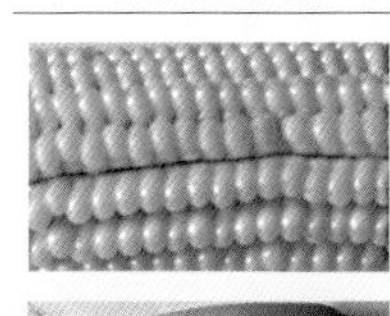 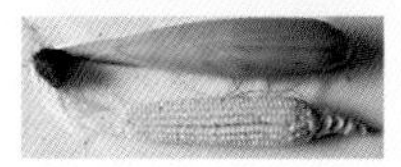	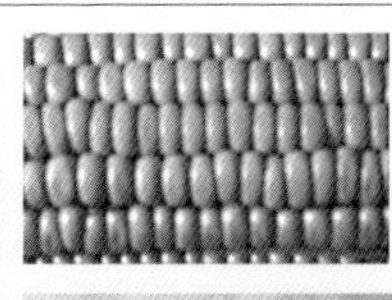 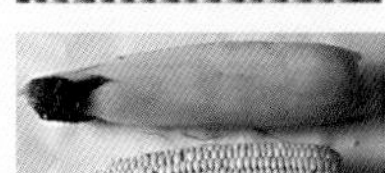	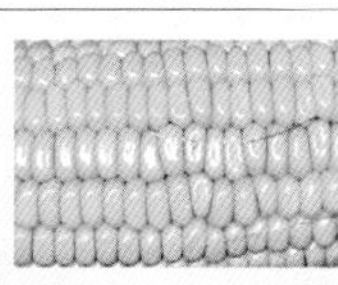 	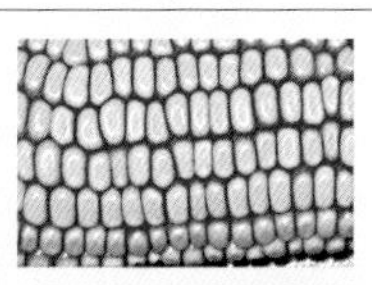 
自受精起约12～17天，子粒呈胶囊状、圆形，胚乳呈清浆状	子粒开始快速积累同化产物，大约在吐丝后20～30天，胚乳呈乳状后至糊状	子粒开始变硬，大约吐丝后30～45天，胚乳呈蜡状，用指甲可划破	果穗苞叶枯黄松散，子粒干硬，基部出现黑色层，乳线消失，并呈现出品种固有的颜色和光泽。大约在吐丝后45～65天

注：部分图片由崔彦宏提供。

三、玉米的器官

玉米为禾本科一年生草本植物，其植株由根、茎、叶和雌穗、雄花序五个部分组成（图1–3至图1–5）。

玉米的根属须根系，分胚根和节根2种。胚根又称初生根、种子根，在种子萌发时，首先伸出主胚根，2～3天后从中胚轴基部盾片（内子叶）节上长出3～7条次生胚根。胚根是玉米幼苗期养分和水分的主要吸收及支撑器官。幼苗2～3叶时，从着生第一片完全叶节间基部长出第一层节根，一般有4条，靠近胚芽鞘节，又称胚芽鞘根。随着茎的分化与生长，节根层数增加，根量增多，一般有6～9层。大约在抽雄期以前，主茎基部接近地面的1～3节上开始长出支持根。大约在6叶展开期节根处于根系主导地位。种子播深5厘米左右，有利于节根形成（图1–3）。

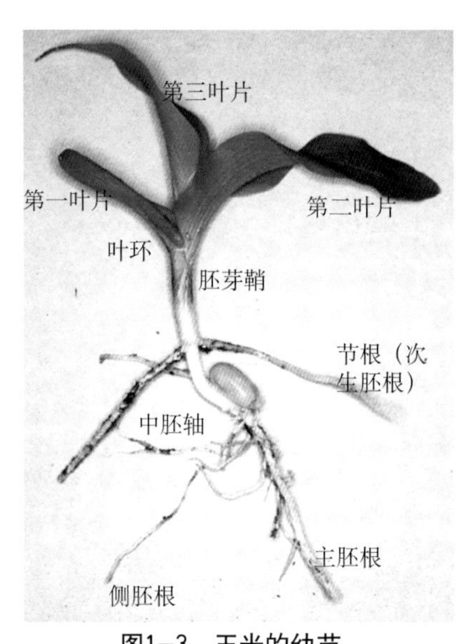

图1–3　玉米的幼苗

茎是植株的骨架，多数品种只有一个主茎。玉米的茎由许多节和节间构成。节数和品种的生育期长短密切相关，我国大多数地区种植的中早熟、中熟和中晚熟品种，大约有17～25个节。茎基部的4～6个节比较密集，节间不伸长，位于地面以下，在这些节上着生次生根，有的长出分蘖。地上部节间不同程度的伸长。节间生长的速度与栽培条件密切相关，温度高、养分和水分充足，则茎生长迅速。

玉米叶由叶片、叶鞘和叶舌构成，每节着生1片叶，叶鞘紧包着茎秆，叶片伸出，互生而相对排列成2列叶序。玉米叶片的生长与植株各个器官的生长发育有同伸关系。叶龄可作为玉米营养生长发育阶段的标志。玉米植株每展开一片叶，称为一个叶龄。上一叶的叶环从前一展开叶的叶鞘中露出，两叶的叶环平齐时为上一叶的展开期。

玉米是雌雄同株异花，雄花序着生在植株顶端，雌花序着生在植株中部叶腋内的节上，一般雄花序比雌花序早3 ~ 4天开花。玉米的雄花序又称雄穗或天花，由主轴和若干个分枝组成。雌花序又称雌穗，受精结实后成为果穗。雌花序的花丝露出苞叶，就是开花，也称吐丝。玉米雌穗由腋芽发育而成，每个茎节上的叶鞘内都有一个腋芽，一般最上部的4 ~ 5个节上的腋芽被抑制而不能分化，其他节上的腋芽都能不同程度地生长分化，但通常只有上部第6 ~ 7个节上的1个或2个腋芽能分化成雌穗，最后能吐丝结实。其他节上的腋芽，从上向下依次在不同时期自行停止分化生长。

图1–4　玉米的植株

雄穗

花药

花丝

气生根（地上节根）

穗轴

果穗

图1–5　玉米其他器官

第二部分 播 种

一、播前准备

（一）品种选择（表2-1）

1.选择审定的品种 选择覆盖所在区域的国家或省审定的品种，注意适应性、产量、品质、抗性（抗病、抗虫、抗逆）等综合性状的选择。

2.选择生育期合适的品种 根据种植制度和实际种植情况，选择生育期合适的品种（在玉米收获时能达到子粒乳线消失、黑层形成），尽量避免光热资源浪费和成熟度不足等情况的发生。

3.选择优质种子 注意查看种子的四项指标（纯度、芽率、净度、水分）是否符合国家标准。国家大田用种的种子标准是：纯度≥96%、芽率≥85%、净度≥99%、水分≤13%。注意优先选择发芽势高的种子，单粒点播时要求发芽率更高。

4.注意品种搭配 在较大种植区域内应考虑不同品种的搭配种植，起到互补作用，提高抵御自然灾害和病虫害的能力，实现高产稳产。

5.因地选种 根据当地气候特点和病虫害流行情况，尽量避开可能存在缺陷的品种；水肥条件好的地区可选耐密高产品种；干旱常发地区应选用耐旱品种；干热河谷地区注意选择耐（避）旱型早熟玉米；高寒山区注意选择耐冷型中早熟玉米，采用地膜覆盖；套种玉米建议选择株型为紧凑型或半紧凑型品种，以增加通风透光，减少对套作作物的遮蔽以及病虫害的发生。优选在当地已种植并表现优良的品种。

按以上品选择原则，到正规种子营业网点购买种子，并索取和妥善保存发票（参见附录9）。

表2–1 西南地区目前玉米主要代表性品种

区 域	代 表 品 种
川渝春玉米区	成单30、中单808、东单60、东单80、长玉13、登海11、渝单19、隆单8号、神珠7号、川单418、正红505、渝单8号、正红6号、绵单9号、隆单9号、农华7号
贵州春玉米区	中单808、正红311、渝单8号、华农玉8号、贵单8号、临奥1号、黔兴201、黔单16、黔单20、先玉508、遵玉8号、兴黄单999
滇桂春玉米区	迪卡007、迪卡008、正大619、正大999、桂单589、云瑞8号、云瑞88、海禾2号、宣黄单4号、靖单13、路单8号、曲辰3号、玉美头105、玉美头168、亚航639
滇桂夏玉米区	海禾1号、海禾2号、北玉2号、德玉5号、德玉6号、云瑞1号
云贵川高山高原玉米区	会单4号、凉单14、阿单9号、豫玉22、海禾1号、长城799、宣黄单4号、靖单13、路单8号、曲辰3号、海禾2号、渝单19
云贵川高原低山河谷多季玉米区	川单15、海禾1号、正红2号、海禾2号、会单4号、路单8号、曲辰3号、宣黄单4号、雅玉889、迪卡2号、德玉系列
武陵山区	中单808、三北2号、渝单8号、渝单19、渝单30、豪单10号、东单60、东单80、雅玉2号、正大212、正大999
陕南玉米区	绵单8号、临奥1号、正玉203

（二）种子处理

购买经过精选、分级和包衣的种子，如购买了没有处理的种子，应进行选种、晒种和包衣等种子处理（表2–2）。

1. 选种　精选种子，除去病斑粒、虫蛀粒、破损粒、杂质及过大、过小的子粒。

表2–2 玉米常用种衣剂及防治对象

防治对象	有效药剂名称
地下害虫（蝼蛄、蛴螬、金针虫、地老虎等）	克百威、丁硫克百威、吡虫啉、毒死蜱、氯氰菊酯、辛硫磷
土传病害	福美双、戊唑醇、咯菌腈、精甲霜灵、烯唑醇、克菌丹、多菌灵

注意：克百威、甲拌磷属高毒农药，必须严格按说明操作。戊唑醇、烯唑醇等三唑类药剂有生长调节作用，使用剂量需严格按标签配制，在使用时不可与碱性药剂或物质混用。福美双不能与铜、汞制剂及碱性药剂混用或前后紧接使用。

2. 晒种 播种前一周晒种2 ~ 3天，提高种子发芽率、杀死部分病原菌。

3. 拌种或包衣 目前市场销售的种子大多是包衣的种子。可看包装上说明的包衣的药剂成分，选择针对本地常发病虫害做了种子处理的。对未处理过的种子，可根据防治对象选择正规的拌种剂按标签说明处理。

（三）播期确定

西南玉米区气候、生态条件及种植制度复杂，播种主要受茬口、降水条件及温度的影响，玉米播种时间的确定应遵循以下原则（表2–3，图2–1）。

1. 春玉米 玉米种子在6 ~ 7℃时开始发芽，但发芽缓慢，容易受病菌侵染、害虫及除草剂为害。季节性干旱、积温不足地

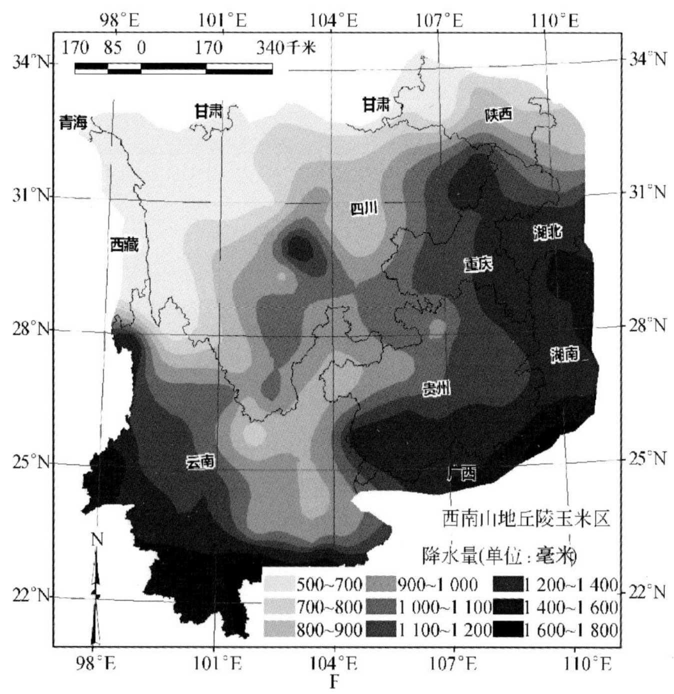

图2–1 西南山地丘陵区降水量分布
（1951—2008年125个气象站点平均数据）

表2-3 西南山地丘陵玉米区玉米适宜栽种与收获时期

省份	分区	春玉米		夏／秋玉米		备注
		适播（栽）期	收获期	适播（栽）期	收获期	
四川	盆东深丘伏旱春玉米区（包括达州、巴中、广安、自贡）	3月20日至4月5日	7月20日至8月15日	5月1日至5月30日	8月20日至9月20日	
四川	盆中浅丘夏伏旱交错玉米区（包括内江、遂宁、南充、资阳）	3月20日至4月10日	7月20日至8月15日	5月1日至7月15日	8月20日至9月30日	春玉米2月25日至3月10日育苗
四川	盆西北平丘春夏玉米区（包括成都、绵阳、德阳、资阳、眉山）	3月20日至4月10日	7月25日至8月20日	5月1日至5月30日	8月20日至9月20日	
四川	盆周边缘山地玉米区（包括广元、巴中、宜宾、泸州）	3月20日至4月30日	7月20日至8月30日	5月1日至5月30日	8月20日至9月30日	3月20日开始育苗
四川	西部高原玉米区（包括甘孜、阿坝、西昌、攀枝花）	3月15日至5月20日	9月10日至10月10日			高海拔山区(≥2000米)
		5月1日至6月15日	9月1日至9月15日			河谷沟坝与干热河谷区(<2000米)，播种时间依据降雨情况
重庆	渝西丘陵春玉米区	3月25日至4月15日	7月20日至8月5日	7月20日至8月5日	10月10日至10月30日	3月10日至4月5日育苗；秋玉米多为糯玉米
重庆	渝东南山地玉米区	2月20日至4月20日	7月1至8月20日（低海拔） 9月1日 至10月30日（高海拔）			低海拔指≤700米；高海拔指>700米
重庆	渝东北河谷春玉米区	3月20日至4月10日	7月30日至8月30日			
重庆	城郊春夏秋特用玉米区	1月30日至8月5日	5月5日至10月30日			甜、糯玉米为主

（续）

省份	分区	春玉米		夏／秋玉米		备注
		适播（栽）期	收获期	适播（栽）期	收获期	
云南	滇东北温凉玉米区	3月20日至4月20日	9月10日至10月5日	5月5日至5月10日	10月5日至10月25日	等雨播种地最晚可至6月15日播种
	滇西北冷凉玉米区	4月1日至4月15日	9月20日至10月15日	5月1日至6月15日	10月1日至10月20日	
	滇中温暖玉米区			5月5日至5月15日	9月20日至10月5日	
	滇南暖热玉米区	11月15日至12月20日（冬玉米）	4月15日至5月20日	9月5日至9月30日	12月10日至12月30日	甜玉米
		2月5日至3月1日	7月10日至8月30日	4月15日至5月20日	9月10日至11月30日	普通玉米
贵州	黔中及黔北间套作春夏玉米区	3月5日至4月30日	7月25日至9月20日	5月15日至5月30日	9月15日至9月30日	3月1日至4月15日育苗；低海拔春玉米收获早，高海拔收获晚
	黔西南间套作玉米区	3月15日至4月10日	9月10日至9月20日	4月15日至5月15日	9月20日至10月15日	
	黔西间套作春玉米区	3月20日至4月15日	9月20日至10月20日	5月20日至5月30日	10月1日至10月30日	
	威宁高寒春播玉米区	3月10日至4月10日	10月10日至10月30日			
	黔东及黔南边缘间套作玉米区	3月20日至4月10日	8月1日至8月20日	6月1日至8月30日	8月20日至11月30日	夏秋零星种植糯玉米
广西	桂西北夏玉米区	3月10日至4月10日	7月25日至8月30日	—	—	
	桂东北零星种植玉米区	3月1日至3月25日	7月1日至7月15日	—	—	
	桂西田、地玉米混种区	1月25日至3月15日	6月20日至7月25日	7月15日至8月25日	11月10日至12月10日	
	桂中、桂南地玉米区	2月10日至2月28日	6月20日至7月10日	7月1日至8月15日	11月1日至11月30日	
	桂东零星种植玉米区	1月20日至2月28日	6月20日至7月15日	7月15日至8月20日	11月10日至11月30日	
	沿海三季玉米区	1月20日至2月28日	6月20日至7月15日	7月15日至8月20日	11月10日至11月30日	

（续）

省份	分区	春玉米		夏/秋玉米		备注
		适播（栽）期	收获期	适播（栽）期	收获期	
湖北	鄂西山地玉米区	3月15日至4月30日	8月15日至9月30日	5月20日至6月15日	9月15日至9月30日	
	平原丘陵玉米区（包括武汉、荆州、荆门、黄冈、黄石、鄂州、咸宁、孝感、随州、仙桃、天门、潜江12个市、县）	3月10日至3月30日	7月20日至8月10日	7月1日至8月5日	10月20日至11月10日	
	鄂北岗地夏玉米区（包括襄阳市、枣阳市、老河口市、宜城市）			5月20日至6月15日	9月20日至10月15日	
湖南	湘西武陵、雪峰山地玉米区	3月25日至4月30日	7月30日至8月20日	夏玉米5月15日至5月30日；秋玉米7月10日至7月25日	夏玉米9月10日至9月25日；秋玉米11月20日至11月30日	
	湘中、湘东丘陵玉米区	3月20日至4月10日	7月20日至8月10日	夏玉米5月10日至5月30日；秋玉米7月20日至8月5日	夏玉米8月25日至9月10日；秋玉米11月15日至11月30日	
	湘南山地、丘陵玉米区	3月15日至3月30日	7月15日至7月30日	夏玉米5月10日至5月20日；秋玉米7月25日至8月10日	夏玉米8月20日至9月10日；秋玉米11月10日至11月25日	
	湘北洞庭湖平、丘玉米区	3月20日至4月10日	7月20日至7月30日	夏玉米5月20日至5月30日；秋玉米7月15日至7月30日	夏玉米8月25日至9月15日；秋玉米11月20日至11月30日	
陕西	陕南川道浅中山丘陵春、夏玉米区	3月20日至4月15日	8月10日至8月30日	6月5日至6月10日	9月1日至9月30日	
	秦巴山区春玉米区	3月10日至4月15日	8月20日至9月15日			

区可以选择应用地膜覆盖或育苗移栽技术，以扩大玉米种植区域、提高玉米产量。高海拔地区，地膜覆盖栽培玉米适宜播期可比当地露地玉米最佳播期提前5 ～ 7天。适宜播种期开始的标准是5厘米地温稳定通过10℃。

2．套种春（夏）玉米 套种玉米结合当地生态条件和玉米生育期，重点协调好两种作物共生期间的矛盾，选择玉米最佳播种时间，减少病害及恶劣气象条件的影响，共生期以不超过20天为宜。早春玉米要尽量早播，确保早收和高产；夏玉米抽雄授粉期间常处于高温季节，影响授粉结实，注意适时早播或调整播期。

3．育苗期 在多熟制条件下，播种育苗期的安排除考虑气候、安全抽雄、灌浆和成熟脱水等因素外，特别应重视茬口的衔接及共生期的长短，否则将会影响适龄移栽和抢墒移栽。西南玉米区生态条件复杂，要根据当地的实际安排好播期与茬口。在没有温室、大棚等设施的条件下，一般早春播玉米盖膜育苗的播种期，以日平均气温稳定在9℃以上、苗龄20天左右为宜，晚春播或夏播苗龄5 ～ 10天，并根据茬口情况做相应调整（图2–2）。

图2–2 套 种

4．冬玉米 种植冬玉米必须选择周年无霜的地区，同时了解当地最低气温出现时期避开开花授粉期，来安排好播种期。一般气温低于18℃将影响抽丝及授粉（图2–3）。

图2–3 冬种玉米
（2008年12月31日拍摄于云南瑞丽）

5．鲜食玉米 糯玉米和甜玉米分别在春季地温10℃和12℃以上时可以进行播种，播种过早会造成烂种。考虑采摘及市场需求，应适期分批播种。采用地膜覆盖、育苗移栽等栽培措施可提早播种，提早上市。最迟播期应根据当地条件，以保证鲜穗的采收。

此外，针对西南区玉米产量形成期常遇夏、伏旱影响产量的实际问题，可考虑改变传统的抽雄前20天多年平均降雨量≥80毫米确定各地玉米播种期的方法，更新为抽雄前后各15天（共计30天）平均降雨量≥80毫米，出现概率达80%，为各产区玉米产量形成安全期，以此为标准倒推玉米播种期。

玉米播种出苗过程中，若遇极端天气条件（如低温、霜冻、冰雹、干旱、洪涝等）、病虫害以及管理不当等因素影响保苗，使田间植株密度低于预期密度的60%时，可以考虑及时套种一些矮秆豆类作物或改种薯类、荞麦、豆类和蔬菜等作物。若重播毁种，则要根据当地生产条件，选择生育期相对短的品种，或甜、糯鲜食玉米，或青贮玉米，控制在最晚播种时间以前播种，同时适当增加密度，以减少产量损失。

（四）肥料准备

1. 玉米的需肥量 玉米施肥的增产效果取决于土壤肥力水平、产量水平、品种特性、生态环境及肥料种类、配比与施肥技术等。

玉米对氮、磷、钾的吸收总量随产量水平的提高而增多。在多数情况下，玉米一生中吸收的主要养分，以氮为最多，钾次之，磷最少。我国各地配方施肥参数研究表明，化肥当季利用率为氮30%～35%、磷10%～20%、钾40%～50%。一般正常生产条件下，西南地区玉米每亩可施过磷酸钙40～50千克，尿素20～35千克，氯化钾5～10千克；若选用复合肥，也可据此估算。在不同产量水平下，施肥量要有所调整（表2-4）。

表2-4 西南玉米推荐施肥量 （单位：千克/亩）

土壤肥力	目标产量	氮施用量	五氧化二磷施用量	氧化钾施用量
高产田	600～800	15～20	5～7	7～10
中高产田	500～600	14～16	4～6	5～7
中产田	400～500	12～14	3～5	4～6
低产田	<400	8～12	0～3	0～4

注：玉米需肥量受品种特性、产量水平、土壤条件以及外界环境因素等影响，实际施肥量建议咨询当地农技部门。

目前西南玉米区施用的肥料种类主要有腐熟农家肥、尿素、碳酸氢铵、过磷酸钙、氯化钾、硫酸钾及复合肥，施肥时期主要是基肥、苗肥（拔节肥）和攻苞肥。有些农户采用“一炮轰”的施肥方式容易造成前期旺长、后期脱肥、早衰，建议在拔节或大喇叭口期进行一次追肥。

2. 施肥注意事项 西南玉米产区多为坡耕地，土质瘠薄，保水保肥力差，加之大部分地区常发生季节性春、夏或伏旱，在施肥上应注意以肥促根，以磷促根，以肥调水，提高玉米吸水、保水功能，达到提高肥料利用效率的目的。

①以氮、磷、钾为主，微肥为辅；攻穗（苞）肥为主，攻粒肥为辅。一般氮肥采用底肥20%～30%，拔节肥（苗肥）20%～30%，攻苞肥40%～60%施用。

②氮、磷、钾因缺补缺。先按目标产量定氮，再按比例配磷、钾肥。

③微量元素平衡。遵循作物需肥规律和土壤养分情况，采取缺啥补啥的原则。

④肥料的施用量及施用方法要合理。追肥时应注意改表土施为深施；施肥与自然降雨或灌溉结合，提高肥效（图2–4）。

图2–4 化肥撒施损失，玉米表现缺素

应使用各级土肥站经测土推荐的配方和配方专用肥。建议到固定农资营业网点购买化肥，索取并妥善保存发票（参见附录10）。

（五）前茬处理

西南种植模式多样，预留行套作玉米，有间作的前季蔬菜、小麦、大麦、油菜、蚕豆等作物及轮作前茬油菜、蔬菜等作物收获后，及时抢墒直播或移栽玉米；未种植的预留空行，可冬季深翻晒土（炕土），疏松土壤，播前平整或条带旋耕后播栽玉米；宽厢（如双六〇）种植便于机械化旋耕作业。前作为水稻地，水稻收获后及时作厢作沟排水，免耕或垄作播栽玉米。此外，部分地区后茬玉米推广贴茬挖穴直播技术（表2–5）。

表2-5 前茬秸秆还田方式

麦秸还田，旋耕种植玉米	秸秆铺放覆盖	麦秆覆盖	玉米秸秆覆盖	根茬留田，免耕播种

（六）施足底肥

底肥应有机、无机并重，迟速并重，以磷促根，以肥调水。底肥使用数量一般是：亩用腐熟农家肥500千克或水粪1 000千克以上，加过磷酸钙30～50千克，尿素10～15千克，氯化钾10～15千克，硫酸锌1～2千克；或者选用同等肥效的复合肥或缓效肥。底肥主要在开沟、起垄或起垄、挖窝时集中施。

底肥机械深施有先撒肥后耕翻和边耕翻边施肥两种方法。

①先撒肥后耕翻的作业要求是：施量符合农艺要求，撒施均匀，尽可能缩短化肥暴露在地表的时间，及时翻埋，埋深大于6厘米，地表无可见的颗粒。

②边耕翻边施肥，通常将肥箱固定在犁架上，排肥导管安装在犁铧后面，随着犁铧翻垡将化肥施于犁沟，翻垡覆盖，肥带宽度3～5厘米，排肥均匀连续，断条率<3%，覆盖严密，施肥量满足农艺要求。

二、种植制度

西南地区多熟种植制度面积广，玉米多采用间套作。近年，在劳动力紧张、机械化程度高的地区玉米净作面积呈扩大趋势。该区代表性种植模式包括（表2-6）：

①平原与浅丘区以玉米为中心的三熟制。以小麦、玉米、甘

薯（即麦/玉/薯模式）或小麦、玉米、大豆（即麦/玉/豆模式）间套种为主；也有部分小麦、油菜收获后复播夏玉米，其中夏玉米有一定的净作面积。

②盆周山区间套复种玉米区，主要是小春作物（马铃薯、油菜、小麦、大麦、蚕豆、豌豆等）套种、复种玉米。

③高寒山区以一年一熟春玉米为主，部分马铃薯、春玉米带状间、套作或春玉米套大豆、甘薯。

④在云、桂南部地区发展一部分冬种玉米。

⑤玉米行间套蔬菜、花生、魔芋、西瓜和蘑菇等经济作物或中药材。在广西发展木薯、甘蔗间种玉米新模式。

表2–6　西南玉米代表性种植模式

小麦、马铃薯、蚕豆等小春作物套玉米

玉薯套作

玉豆套作（上图由杨文钰提供）

玉蔬间套作

（续）

玉蔬间套作

玉米行间套种蘑菇

玉米割顶减少下茬大豆遮光

玉米净作

玉米蔬菜混作

玉米秸秆作为套种豆类作物的支撑物

三、播种技术

（一）合理密植（表2-7）

1. 根据品种特性确定密度 株型上冲和抗倒品种宜密，株型平展和抗倒性差的品种宜稀；生育期长的品种宜稀，生育期短的品种宜密；大穗型品种宜稀，中小穗型品种宜密；高秆品种宜稀，矮秆品种宜密；杂交种密度高于开放性授粉品种。

2. 根据土壤肥力确定密度 土壤肥力较低，施肥量较少，取品种适宜密度范围的下限值；土壤肥力高、施肥量多的高产田，取适宜密度范围的上限值；中等肥力的取品种适宜密度范围的平均密度。

3. 根据气候因素确定密度 高温、短日照地区种植密度要大于低温、长日照地区；高海拔地区要大于低海拔地区。

4. 根据地形确定密度 在梯田或地块狭长、通风透光条件好的地块可适当增加密度；反之，应适当减小密度。

5. 根据种植方式确定密度 一般净作密度高于套作密度。

6. 机械作业适当增加播量 为避免机械损伤和病虫害伤苗造成的密度不足，需要在适宜密度基础上增加5%～10%的播种量。

表2-7 玉米种植密度推荐表 （单位：株/亩）

田　块	稀植型	中间型	耐密型
生产条件差，产量水平低	2 500～3 000	2 800～3 500	3 300～4 000
生产条件较好，产量水平中等	2 800～3 500	3 300～4 000	3 500～4 500
生产条件好，产量水平高	3 000～4 000	3 500～4 500	4 000～5 000

注：光照不足地区种植密度适当降低。

7. 鲜食玉米可根据品种特性确定适宜密度 为保证果穗的商品性状，一般鲜食玉米种植密度每亩在3 000～4 000株。

（二）带植方式

西南玉米带植方式主要包括宽厢带植型、中厢带植型、窄厢带植型和复种轮作（表2-8）。

表2-8 带植方式

窄厢套种	宽厢套种

1. 宽厢带植型 主要有双六〇（如小麦玉米各占2米，玉米

带内种4行玉米），双五〇（如小麦玉米各占1.67米，玉米带内种4行玉米），适宜于浅丘及平坝三熟制地区，配置中熟紧凑型玉米品种，利用玉米播前的冬春空闲地和收后的秋闲地种植养地的豆科、青饲料等作物，发展粮经饲三元结构，玉米可在适期内尽量早播。宽厢种植便于使用机械整地、中耕和田间管理。

2. 中厢带植型 主要有双三〇（如小麦玉米各占1米，玉米带内种2行玉米），双二五（小麦玉米各占0.83米，玉米带内种2行玉米），三五二五（小麦带宽1.17米，玉米带宽0.83米种2行玉米），适宜在深丘麦（油菜、马铃薯）套玉米及低山区，发展粮饲高产模式，选择中熟、中熟偏晚的大穗型玉米品种抢早春播。

3. 窄厢带植型 主要有双十八（如小麦玉米带各占0.6米，玉米带内种1行玉米），该方式共生期争光、争肥、争水矛盾突出，只适宜夏播地区“迟中争早”和盆周山区1 200米以上一熟有余两熟不足地区，选择中早熟品种，实行马铃薯玉米套作。

4. 复种轮作 主要有稻田春玉米—晚稻、水稻—冬玉米带植、冬炕土—春玉米带植等方式。播期在避开所在区域主要自然灾害基础上，结合带植方式确定播种期，确保玉米的关键生育期处于水热同步期。

（三）播种方式

西南地区玉米多种植在坡耕地，土壤以红壤、黄壤和紫色土为主，播种主要采用直播和育苗移栽。

1. 直播技术 根据各地气候和土质不同，直播分垄作和平作（表2-9）；播种方式有开沟条播和挖穴点播2种。表2-10为免耕挖穴点播。直播应注意以下几个技术环节。

表2-9 平作与垄作

平 作 （2008年5月，四川简阳）	垄 作 （2009年9月2日，重庆）	垄 作 （2010年3月17日，广西都安）

表2-10 免耕挖穴点播

广西来宾，2011年9月19日	四川剑阁，2008年6月4日

①播种应深浅一致，深度控制在3～6厘米之间，种子不过深、不落干。

②播种量应根据种子大小及播种密度不同而定。一般点播每穴2～4粒，每亩用种量1.5～2.5千克；条播每亩用种量2.0～3.0千克。

③播种时应尽量播匀，且种、肥隔离，防止烧根、烧苗。

④播后覆土3～4厘米，覆土要均匀细碎，最好用腐熟的土杂肥盖种，以利出苗整齐。

⑤保证土壤墒情，根据情况采用播前造墒或播后浇蒙头水，确保正常出苗。

图2-5 秸秆钵

2. 育苗移栽技术 育苗移栽保温育苗一般可提早播种10～20天，有利于缓解玉米与其他作物共生的矛盾，还可前期避冷害（倒春寒）、后期躲伏旱，培育“三苗”（苗全、苗齐和苗壮），每亩节约生产用种0.5～1千克。育苗方式一般有方块（方格）、肥团、软盘、营养杯（钵）等（图2-5，表2-11）。

表2-11 育苗方式

肥团育苗	方格育苗	营养袋育苗

（续）

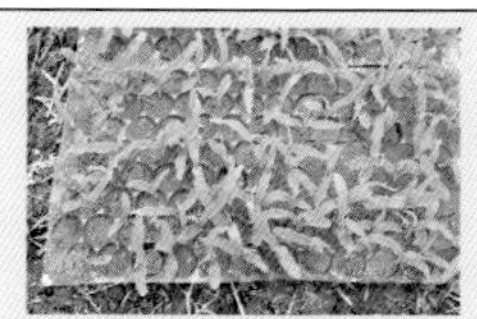

塑料软盘育苗	泡沫软盘育秧	秸秆营养钵育苗

育苗移栽应注意以下几个技术环节（表2-12）。

①苗床准备。选择靠近本田、土质疏松、排灌方便的地块作苗床。苗床整地要求达到细、净、平，然后做成宽1.3～1.6米的厢，四周做小垄防苗床积水。有条件的地区可集中在大棚内育苗。

②营养土配制。按30%～40%的腐熟有机渣料，60%～70%的肥沃细土为基本材料，每100千克料土加入磨细过筛的过磷酸钙1千克，尿素0.1千克配制营养土，并装杯（钵）或做成球或营养块后播种，播种后浅覆土或盖土杂肥。

表2-12 育苗技术环节

苗床整理　营养土配制　营养杯装土

制作肥团　制作方格　播种

覆土覆膜　揭膜炼苗　分级移栽

③苗床管理。通过调节苗床的水分和温度，培育健壮、整齐的秧苗。早春播种的要严盖地膜，保持床土湿润和较高的温度，以利出苗。出苗后，及时揭膜炼苗，防止烧苗。

④移栽技术。一般玉米苗1叶1心时开始移栽，不宜超过3叶1心。移栽时应分级、定向、错窝移栽，栽后覆细土盖窝不低于2～3厘米，防止干旱暴晒肥团，影响根系生长。

⑤栽后管理。以促根、壮苗为中心，紧促紧管。要勤查苗、早追肥、早治虫，并结合中耕松土促其快返苗、早发苗，力争在穗分化之前尽快形成合理的营养体，为高产奠定基础。

当不能适龄移栽时，可采用以下秧苗管理措施。

①截断胚根蹲苗。在玉米幼苗3叶期以后，应及时截断胚根，促进次生根发育，抑制地上部生长，在苗床上蹲苗。采用软盘、营养杯（筒）育苗的，可通过移动杯盘，截断从杯盘底部伸出的胚根。

②少施少管。根据床土湿度和秧苗情况，当早晨玉米苗出现萎蔫状态时，应选择傍晚或清早用清淡粪水浇施，以苗床不见流水为止，适当“肥水饥饿”，干湿交替锻炼玉米苗的抗旱能力。

③增施送嫁肥水。在移栽的头一天，每平方米苗床用0.1千克尿素对水浇施玉米苗，施“送嫁肥水”，有利于大龄苗尽快缓苗返青，提高移栽成活率。

④叶面喷施抗旱剂。大龄苗移栽到大田后，叶面喷施抗旱促根剂，如FA旱地龙、旱不怕等，尽量缩短缓苗期，达到抗旱、保苗、促根壮苗的目的。

3. 地膜覆盖播种 通过覆膜，可提高并保持地温；减少水分蒸发，改善湿度条件；改善土壤物理性状和抑制杂草生长。地膜覆盖技术适合在积温不足的山区与高海拔地区及季节性干旱严重的地区推广（图2-6，表2-13）。

播种方式：

①直播覆膜栽培。包括先播种后覆膜和先覆膜后播种2种方式。先播种后覆膜，需在幼苗出土后人工破膜放苗；先覆膜后播种，需利用播种装置在膜上先打孔下种。甜玉米顶土能力

图2-6 玉米地膜覆盖栽培

差，若采取先播后覆，易被大土块压，出苗差，可采取先覆后种方式提高出苗率。

②育苗覆盖栽培。包括先移栽后覆膜和先覆膜后移栽2种方式。育苗方法可采取营养块（钵）或塑料软盘育苗。育苗覆盖栽培集地膜覆盖和育苗移栽技术于一体，在高寒山区既可提高地温，减轻“秋风”冷害为害，又可达到苗齐、苗全、苗壮，一般比直播地膜玉米亩增50千克以上。

地膜覆盖栽培技术要点：

①选择耐拉强度较高的农膜，地膜厚度为0.005～0.008毫米，根据预留行宽度选择宽度适宜的地膜。

②覆膜要直，膜两边压土各10厘米，每间隔10～20米，横向压土，防风掀膜。

③根据生态条件，选择适合当地种植的高产、优质、广适、抗病性强的优良品种。

④播种标准要求种子距膜边≤5厘米，种子播深4～5厘米，深浅一致，覆土严密。

⑤地膜覆盖两段栽培要在1叶1心时移栽，不宜超过3叶1心。覆膜前平整垄面，覆膜后的地膜要与垄面贴紧，松紧度适中，膜面无皱折，膜的受光面要达33厘米以上，地膜两边和出苗孔用细

土压严实。栽后覆膜要及时破膜放苗；先覆膜后移栽的方式，移栽苗最好采用塑料软盘育苗，便于破膜移栽，提高保温效果。

表2-13 不同铺膜方式

膜侧覆盖栽培技术适合在积温充足、季节性干旱严重的地区推广。玉米播种前，在种植带正中挖一条深20厘米的沟槽（沟两头筑挡水埂），按每亩施过磷酸钙50千克、尿素10千克、人畜粪水1 000千克作底肥和底水全部施于沟内。或者在沟内一次性施入"百事达"等长效缓释肥45 ~ 60千克，后期不再追肥。结合沟施底肥和底水后覆土，形成高于地面20厘米、垄底宽40 ~ 50厘米的垄，垄面呈瓦片形。在春季持续3 ~ 5天累计降雨20毫米或下透雨后，立即将幅宽40厘米的超微膜盖在垄面上，并将四周用泥土压严，保住降水。然后将玉米种子播种（或种苗移栽）于盖膜的边际，每垄种植2行玉米。

（三）机械播种

在西南玉米区，可根据山地、丘陵、平坝等不同的地形特点，分别选用简易型手工操作的点播机具、与微耕机或手扶拖拉机配套的小型播种机、与中小型四轮拖拉机配套的精量播种机进行播种作业。精量机播可在丘陵缓坡耕地及高原平地一年一熟地区先行推广（表2-14）。

表2-14　西南玉米播种机具

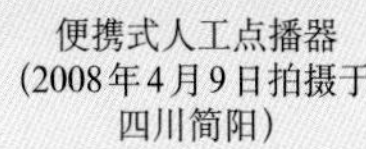

便携式人工点播器
(2008年4月9日拍摄于
四川简阳)

轻小型玉米播种机

玉米小麦多功能播种施肥机

1. 机械播种的方式　玉米播种方法较多，但最常用的有穴（点）播、精量播种、免耕播种等。穴播是将种子按规定的行距、株距、播深定点播入穴中，每穴播2 ～ 3粒，可保证苗株在田间分布均匀，提高出苗能力。一般通过缩小穴距增加种植密度。出苗后通过间苗、定苗等田间作业落实种植密度。精量播种是将种子按精确的播深、间距定点、定量播入土中。单粒精量点播为“一穴一粒”，播种密度就是计划种植密度，对种子质量要求高（发芽率应高于96%）。免耕播种是在前茬作物收获后，不耕翻土地，原有的茎秆、残茬覆盖在地面，用免耕播种机直接在茬地上播种。

2. 播种机械的选择　目前常用的玉米播种机按排种原理可分为机械式和气力式。

①机械式精量播种机。目前使用较多的是勺轮式精量播种机，可与12 ～ 30马力*的各种拖拉机配套使用。这种播种机大多无单体仿形机构，播种深浅不易控制，但在作业速度低于每小时3 000米时，基本满足精量播种要求。

* 马力为非法定计量单位，1马力≈735瓦。——编者注

②气力式精量播种机。又分为气吸式播种机和气吹式播种机。气吸式播种机依靠负压将种子吸附在排种盘上，种子破碎率低、适用于高速作业，但结构相对较复杂。气吹式播种机依靠正压气嘴将多余的种子吹出锥形孔，对排种机构的密封性要求不高，其结构相对简单。气力式播种机的播种单体采用了平行四连杆仿形机构，开沟、覆土和镇压全部采用滚动部件，田间通过性能好，各行播深一致。采用侧深施肥方式，不烧种子。

③免耕播种机。由于直接在未经耕翻的茬地上工作，地表较坚硬，所以免耕播种需加装专门的破茬开沟和防堵工作部件。

3. 机械播种技术要求 一次播种保全苗是实现玉米高产、稳产的前提。机械播种作业时应考虑播种量、种子在田间的分布状态、播种深度和播后覆盖压实程度等农艺要求，先试播，待确定符合要求后再进行大田播种作业，以保证播种质量。

①种植模式。机播可在丘陵缓坡耕地改革耕作制度后，以及高原平地一年一熟地区进行。各地可结合当地实际，合理确定相对稳定、适宜机械作业的种植行距和种植模式。一般套种条件下，宽厢（如双六〇）套种方式相对有利于小型机械整地、播种和收获。

②播量。根据种子发芽率、种植密度要求等确定，要求排种量稳定，下种均匀。穴播时每穴种子粒数的偏差应不超过规定。单粒播种要求每穴一粒种子，株距均匀。西南有条件的地区应向单粒播种过渡。单粒播种、每穴1粒的需种量计算如下式，若每穴2～3粒，则需要扩大2～3倍。

玉米需种量（千克）=计划种植面积（亩）×计划种植密度（株/亩）×种子千粒重（克）/（种子出苗率×10^6）

③株距计算。

株距（厘米）=6670000（厘米^2）÷行距（厘米）÷密度（株/亩）

④播深。根据土壤墒情和质地确定，做到播种深浅一致，子粒入湿土。以镇压后计算，播种深度控制在3～5厘米，黏土适当浅些，沙质土壤适当深些。在西南地区，机械播种质量往往受土壤质地和天气偏旱因素影响。

⑤镇压。播后镇压可踏实土壤，使下层水分上升、种子紧密

接触土壤，有利于种子发芽出苗。

⑥种肥。一般亩用复合（混）肥或磷酸二铵4～7千克（春玉米播种时遇低温可施用磷酸二铵做种肥），肥料要掩埋并避免与种子直接接触，可播种施肥同时进行，肥料施在距种子3～5厘米的侧下方，确保不烧根、不烧苗。尿素、碳酸氢铵等不宜做种肥，以免烧种、烧苗。底肥足可不施种肥。

⑦播种作业的标准是重播率≤8%、漏播率≤5%、合格率≥90%。

⑧其他要求。种子损伤率要小，播行直，行距一致，地头整齐，不重播，不漏播。联合播种时能完成施肥、喷药、喷洒除草剂等作业。

四、苗前化学除草

玉米地最佳的除草时期为玉米播后至苗前。对于单作玉米地，在玉米播种后出苗前土壤较湿润时，趁墒对玉米田进行“封闭”除草，或在玉米覆膜前喷洒。土壤干旱时，施药前有降雨效果好。应仔细阅读所购除草剂的使用说明，既要保证除草效果，又不影响玉米及下茬作物的生长，严禁随意增加或减少用药量。使用除草剂时，应不重喷、不漏喷，以土壤表面湿润为原则，利于药膜形成，达到封闭地面的作用。作业时尽量避免在中午高温（超过32℃）时喷洒除草剂，以免出现药害和人畜中毒，同时要避免在大风天喷洒，避免因除草剂漂移危害其他作物。间套作玉米地，需选择对两种作物都安全的除草剂。可选择有色地膜控制杂草。

一般土壤墒情好、整地精细的地块宜采取苗前封闭除草，干旱、整地差的可选择苗后除草。一般情况下，苗前除草剂安全性较高，较少产生药害。但是，盲目增加药量、多年使用单一药剂、几种除草剂自行混配使用、施药时土壤湿度过大、出苗前遭遇低温等情况下也会出现药害。常见药害表现为种子幼芽扭曲不能出土；生长受抑制，心叶卷曲呈鞭状，或不能抽出，呈D形；叶片变形、皱缩；叶色深绿或浓绿；初生根增多，或须根短粗，没有次生根或次生根稀疏；根茎节肿大；植株矮化等（表2-15）。

表2-15　常用玉米苗前除草剂及其使用注意事项

除草剂类型	有效成分	防治对象	注意事项	药害表现	挽救措施
酰胺类	甲草胺、乙草胺、异丙甲草胺、异丙草胺、丙草胺、丁草胺、克草胺、精异丙甲草胺	一年生禾本科杂草、部分阔叶杂草	必须在杂草出土前施药，喷施药剂前后，土壤宜保持湿润。温度偏高或沙质土壤用药量宜低，气温较低或黏质土壤用药量可适当偏高	玉米植株矮化；有的种子不能出土，幼芽生长受抑制，茎叶卷缩、叶片变形，心叶卷曲不能伸展，有时呈鞭状，其余叶片皱缩，根茎变褐、须根减少、生长缓慢 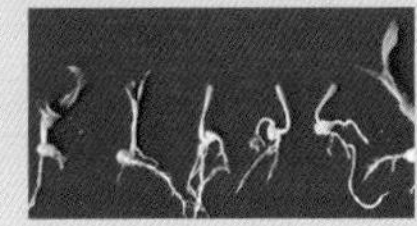 乙草胺药害	喷施赤霉素溶液可缓解药害；趟地、灌水等措施，尽量把土壤中的残留药剂冲洗掉；人工剥离将心叶展开
苯甲酸类	麦草畏	阔叶杂草	药液不能与种子接触，以免发生伤苗现象。有机质含量低的土壤易产生药害	苗前使用过量时，初生根增多，玉米生长受抑制，叶变窄、扭卷，叶尖、叶缘枯干、茎秆变脆易折  麦草畏+氟吡草腙混配药害 （引自徐秀德等，2009）	适当增加锄地的深度和次数，增强玉米根系对水分和养分的吸收；喷施植物生长调节剂如赤霉素、芸薹素内酯等或叶面肥，减轻药害

（续）

除草剂类型	有效成分	防治对象	注意事项	药害表现	挽救措施
三氮苯类	莠去津、西草净、莠灭净、西玛津、扑草净、嗪草酮	部分禾本科杂草及阔叶杂草	有机质含量低的沙质土壤容易产生药害，不宜使用。有机质含量超过6%的土壤，不宜做土壤处理，以茎叶处理为好。部分药剂残效期长，对后茬敏感作物有不良影响，如大豆、水稻、谷子、甜菜、油菜、亚麻、西瓜、甜瓜、小麦、大麦、蔬菜等做后茬时不宜使用。玉米套种豆类，不宜使用莠去津	玉米从心叶开始，叶片从尖端及边缘开始叶脉间褪绿变黄，后变褐枯死，植株生长受到抑制并逐渐枯萎  扑草净药害 （右为对照）	随植株生长叶色可转绿，恢复正常生长；严重时喷叶面肥或植物生长调节剂赤霉素、芸薹素内酯等减轻药害
二硝基苯胺	二甲戊乐灵、氟乐灵	杂草	二甲戊乐灵土壤处理后接触种子，或施药后遇低温、高温天气，或施药量过高，易产生药害；土壤沙性重，有机质含量低的田块不宜苗前使用。玉米对氟乐灵较敏感，土壤残留或误施可能造成药害	茎叶卷缩、畸形，叶片变短、变宽、褪绿，生长受到抑制。须根变得又短又粗，没有次生根或者次生根稀疏，根尖膨大呈棒状  二甲戊乐灵药害 （右为对照）	加强田间管理，增强玉米根系对水分和养分的吸收；喷施叶面肥或植物生长调节剂赤霉素、芸薹素内酯等，减轻药害
有机磷类	草甘膦、草甘膦异丙胺盐、草甘膦铵盐	田间地头已出土杂草	无风天气下喷施，切忌飘移到周围作物上；在喷雾器上加戴保护罩定向喷雾，尽可能减少雾滴接触叶片；施药4小时后遇雨应酌情补喷。草甘膦与土壤接触立即失去活性，稀释药剂需用清水	着药叶片先水浸状，叶尖、叶缘黄枯，后逐渐干枯，整个植株呈现脱水状，叶片向内卷曲，生长受到严重抑制   草甘膦药害 （引自徐秀德等，2009）	遇土钝化，苗前使用对玉米无药害

（续）

除草剂类型	有效成分	防治对象	注意事项	药害表现	挽救措施
取代脲类	绿麦隆、利谷隆	一年生杂草	施药时应保持土壤湿润。对有机质含量过高或过低的土壤不宜使用。残效时间长，对后茬敏感作物有影响	植株矮小，叶片褪绿，心叶从叶尖开始，发黄枯死  异丙隆药害 （右为对照）	根外追施尿素和磷酸二氢钾，增强玉米生长活力
联吡啶	百草枯	田间地头已出土杂草	灭生性除草剂，施药时切忌污染其他作物。无风天气下喷施，配药、喷药时要有防护措施	着药叶片产生枯斑，斑点大小、疏密程度不一，未着药叶片正常。施药时苗较小或施药量过大会造成死苗、减产  （引自徐秀德等，2009）	遇土钝化，苗前使用对玉米无药害

五、播种时施用杀虫剂

对地下害虫常发生为害的地块可在起垄播种时施用杀虫剂，可选用：

①10%辛硫·甲拌磷500克/亩毒土盖种，或用3%辛硫磷颗粒剂4～5千克/亩沟施或穴施。需及时覆土，以免药剂光解。

②用40%毒死蜱乳油150～180克/亩随播种时浇水一起浇入。

第三部分　苗期管理

一、苗期生长发育及管理要点

（一）生长发育特点

玉米从出苗到拔节这一阶段为苗期，该期以营养生长为核心，地上部生长相对缓慢，根系生长迅速。

（二）田间管理的主攻目标

促进根系生长，保证全苗、匀苗，培育壮苗，为高产打下基础。

（三）生产管理技术

1. 查苗，补种，育壮苗　适时间苗定苗，一般3叶间苗，4 ~ 5叶定苗。对地下害虫发生较重的地块，可推迟1个叶龄定苗。间苗定苗应按计划密度，去弱留壮，去杂苗病苗，如有缺苗可在同行或邻行就近留双株。对缺苗断垄严重的要及时催芽补种或带土移栽。育苗移栽的，发现缺苗，要及时补栽。

2. 中耕除草施肥　苗期中耕可疏松土壤，提高地温，消灭杂草，减少养分、水分消耗，一般进行1 ~ 3次：第一次在定苗前，深度在3 ~ 5厘米为宜；拔节前进行第二、三次中耕，苗旁宜浅，行间宜深（9 ~ 12厘米）；在大喇叭口期前可结合追穗肥进行中耕培土（图3–1，图3–2）。

图3–1　机动中耕机
（张中东　提供）

图3–2　小型施肥机具
（浚县农业科学研究所　提供）

播种时没有施用种肥的地块，苗期可追施苗肥。苗肥一般在移栽后7～10天或定苗后开沟施用或人工浇施，应避免在没有任何有效降雨的情况下地表撒施。施肥量可根据土壤肥力、产量水平、肥料养分含量等具体情况来确定。一般不宜超过总用量的15%，主要用尿素或碳酸氢铵，一般尿素用量8～15千克/亩，可对清粪水500～1 500千克，还有利于苗期抗旱保苗。移栽时若遇干旱可浇施粪水500～1 000千克（图3-4）。

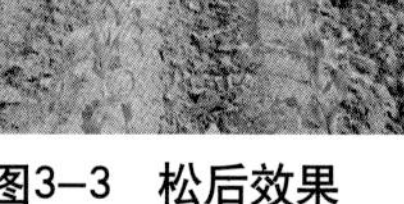

图3-3　松后效果
（李艳杰　提供）

图3-4　施粪水

苗期中耕施肥对套种玉米尤为重要，在前作收获后，要及时进行中耕灭茬，追肥浇水，以保证套作玉米健壮，此期早追苗肥有利于促根壮苗。施肥时做到：追肥宜轻，偏施小苗赶大苗、促弱苗变壮苗。

使用中耕追肥作业机具施肥时要注意有良好的行间通过性能，无明显伤根、伤苗问题，伤苗率<3%，追肥深度5～10厘米，追肥部位应在作物株行两侧10～20厘米，肥带宽度大于3厘米，无明显断条，施肥后覆盖严密。

3. 防旱、防板结，助苗出土　西南地区春玉米播种后常遇春旱，土壤水分低于田间持水量的60%时，应及时采取浇水和松土保墒。夏玉米播种后易遇大雨，土壤板结，应及时松土，破除板结，散墒透气，助苗出土。

4. 水分管理　玉米苗期植株对水分需求量不大，可忍受轻度干旱胁迫。苗期适度干旱可促进根系发育，利于蹲苗。因此，苗期除底墒不足或天气干旱需要及时灌水外，在播前土壤墒情较好或播栽后浇过“定根水”的地块，一般情况下不需要灌溉。

5.打杈　一些品种、特别是甜玉米品种在苗期分蘖多，分蘖大多从第3、4叶腋内长出，形成侧株，不能成穗，但长势旺，与主穗争夺养分和水分并遮光，要及时掰除。甜、糯玉米、种植密度低、前期生长偏旺情况下必须掰除分蘖（表3-1）。

表3-1　判断是否应去分蘖

应去掉分蘖
（右图由李艳杰　提供）

这样的分蘖可以不去
（李艳杰　提供）

（四）病虫草害防治

苗期田间病害以镰孢菌引起的根腐病为主，多雨年份也伴有细菌性病害的发生。苗期根腐病主要通过种植抗性品种或者种子包衣可显著降低发病率，一旦苗期发生，只能通过药剂灌根来减轻病害的发生，成本较高；害虫以地下害虫（有小地老虎、弯刺黑蝽、蝼蛄、蛴螬等）为主，可通过种子处理和播种时撒施杀虫剂或苗期喷施杀虫剂防治；苗期也是杂草萌发出土为害的重要时期。

玉米苗期植株幼小，根系不发达，抗病虫害的能力弱，此时遭受病虫害的侵袭，容易造成弱苗或死苗。因此，防治田间杂草促壮苗，防治地下害虫保全苗是本阶段的主要任务。

二、苗期生长异常

（一）出苗率低

在适宜条件下，玉米播种后经7～10天左右即可出苗。正常幼苗的构造包括完整的初生根系（初生胚根及两个以上充满大量健壮根毛的次生胚根）、中胚轴、芽鞘、初生叶。由于种子自身原因或在萌发过程中受到外界不良环境条件影响，出现种子霉烂、不能正常萌发和缺苗断垄、苗情质量差等现象，主要原因如表3–2。

表3–2　玉米出苗率低的原因及解决措施

可能原因	技术措施
干旱造成地表土含水量低	抗旱播种；坐水种；适度调整播种期
土壤含水量过高	及时排水、散墒，适度调整播种期
土壤板结结壳，尤其黏重土质及大雨后	破除板结；增施有机肥，改良土壤，打破犁底层，实施保护性耕作
种子未播在湿土层	将种子播在湿土上，紧贴湿土
种子质量差，发芽率、发芽势低	选用达到国家标准及发芽势高的种子，播前精选，适当增加播量
种子覆土过深或过浅	提高整地水平和播种质量，整地均匀，播深合理，平地，发展机械播种
播后未镇压，造成跑墒，种子不发芽或发芽后易"吊死"	播后镇压
种子处理方法不当	按照包衣剂使用要求处理
地下害虫为害	选择适宜药剂包衣，加强防治金针虫、地老虎等害虫
种肥、基肥烧苗	控制肥量，种、肥隔离，并注意羊粪等过量烧苗
低温影响	适期播种，5厘米地温稳定通过10℃播种，或地膜覆盖
除草剂药害	掌握使用方法，科学使用除草剂，及时准确应用挽救措施
前茬秸秆过多及机械播种质量不高	提高秸秆处理水平，保证播种质量
机械作业造成缺苗断垄	提高机械作业水平
土壤含盐量高等其他障碍因素	改良土壤

（二）生理异常

1. 玉米缺素症及防治方法（表3–3）

表3–3 玉米缺素症

缺 氮	缺 磷	缺 钾	缺 钙
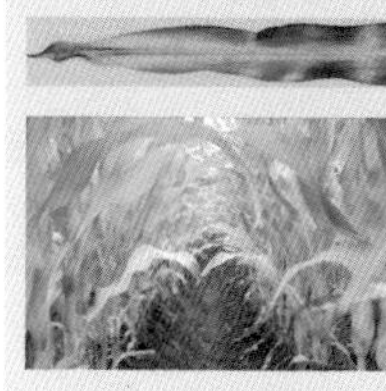			 （引自全国农业技术推广服务中心，2011）
植株生长缓慢、矮小；叶色褪绿，叶片从叶尖开始变黄，沿叶片中脉发展，呈V形，上部叶片黄绿、下部叶片由黄变枯 土壤缺氮或大雨后氮素淋失与反硝化严重地块易发生 地温低、渍涝、沙性土和干旱土壤易发生	植株生长缓慢，瘦弱，茎基部、叶鞘、下部叶片甚至全株呈现紫红色，严重时叶尖枯死呈褐色；根系不发达，抽雄吐丝延迟，雌穗授粉受阻，结实不良 常发生在苗期，土壤温度低、并且湿度大或干旱、紧实的田块 根系受病、虫、除草剂、化肥及栽培措施不当影响发育不良时也容易发生	中下部老叶叶尖及叶缘呈黄色或似火红焦枯，并褪绿坏死或破碎；节间缩短，茎秆细弱，易倒伏 烂根、干旱、紧实土壤影响根系生长，表现出缺钾，有效钾含量低、沙性土、少免耕、旱季也易发生	植株生长不良，心叶不能伸展，有的叶尖黏合在一起；新叶叶尖及叶片前端叶缘焦枯，并出现不规则的齿状缺裂
缺 镁	**缺 硫**	**缺 铁**	**缺 锰**
 （引自全国农业技术推广服务中心，2011）  （引自徐秀德等，2009）		 （引自全国农业技术推广服务中心，2011）	 （引自全国农业技术推广服务中心，2011）

（续）

缺 镁	缺 硫	缺 铁	缺 锰
幼叶上部叶片发黄，下位叶前端脉间失绿，并逐渐向叶基部发展，叶脉保持绿色，呈黄绿相间的条纹，严重时叶尖干枯，失绿部位出现褐色斑点或条斑，植株矮化	植株矮化、心叶发黄，成熟期延迟 pH低、沙性土、有机质含量低、水蚀重、坡地、免耕地及春季土温低、干旱土壤易发生	叶绿素形成受抑，上部叶片叶脉间出现浅绿色至白色或全叶变色。最幼嫩的叶子可能完全白色，全部无叶绿素。植株严重矮化	幼叶脉间组织慢慢变黄，形成黄绿相间条纹，叶片弯曲下披。较基部叶片出现灰绿色斑点或条纹 pH低、沙性土、降雨多的土壤易发生
缺 硼	**缺 锌**	**缺 铜**	
 （引自全国农业技术推广服务中心，2011）  （引自马国瑞等，2002）	 （引自马国瑞等，2002）	 （引自全国农业技术推广服务中心，2011）	
嫩叶叶脉间出现不规则白色斑点，各斑点可融合呈白色条纹，严重时节间伸长受抑或不能抽雄或吐丝、子粒授粉不良，穗短、粒少	缺锌叶片具浅白条纹，由叶片基部向顶部扩张，严重时白化斑块变宽，整株失绿成白化苗（花叶苗）。节间明显缩短，植株严重矮化 pH高、土温低、湿度大、有机质含量低的土壤易发生	叶片刚伸出就黄化，严重缺乏时，植株矮小，嫩叶缺绿，顶端枯死后形成丛生，叶色灰黄或红黄有白色斑点，果穗发育差	

①根据植株分析和土壤化验结果及缺素症状表现正确诊断。

②采用配方施肥技术，按量补施所缺肥料营养元素。

③可采用单元或多元微肥拌种、底施或叶面追肥。如微肥拌种，硼、锌、钼每千克种子用量2～4克。如施用锌肥，可用4克硫酸锌溶于70克温水中，将溶液均匀喷洒在1千克种子上，堆闷1小时，摊开晾干即可播种。缺锌也可亩施硫酸锌1.5～2.0千克

（注意：一般土施微量元素肥料2～3年1次，不可连年施用）或喷施0.1%～0.2%硫酸锌溶液。

在缺素症发生初期，对症喷施叶面肥。缺氮用0.5%的尿素溶液叶面喷施。缺磷或缺钾，用0.2%～0.3%的磷酸二氢钾喷施。缺镁可用0.1%～0.2%硫酸镁溶液，连续喷2～3次，每次间隔5～7天。缺锌卷叶苗可用0.1%～0.2%硫酸锌溶液，喷2～3次，每次间隔5～6天。缺铁可用0.2%～0.3%硫酸亚铁溶液，喷3次，每次间隔5～7天。缺硼可用0.1%～0.15%硼砂溶液或0.1%硼酸溶液，喷3次，每次间隔5～7天。缺锰可用0.2%硫酸锰溶液，喷2～3次，每次间隔7～10天。缺铜可亩追施硫酸铜1千克或用0.2%硫酸铜溶液叶面喷施。

2. 幼苗生长异常及原因（表3-4）

表3-4　玉米幼苗生长异常及其原因

红叶苗	黄叶苗	花叶苗	僵化苗
			 （引自马国瑞等，2002）
地温低、湿或土壤紧实时，根系吸收能力减弱，幼苗代谢缓慢，叶片叶绿素减少而发红。品种间有差异。温度回升后多能缓解	症状：幼苗叶色淡绿，然后逐渐变黄，叶片细窄，植株矮小，生长缓慢，根系发育差 原因：影响玉米生长的障碍因素均会造成幼苗生长不良。如种子不饱满，禾苗不壮；播种过深，出苗弱；密度过大，妨碍生育；水渍苗，特别是低洼地块，排水不良；土壤缺肥；除草剂使用不合理；受到病虫为害以及污水灌溉污染等	症状：叶片上有黄绿或黄白相间的条纹，或黄绿斑驳 原因：矮花叶病、地下害虫为害、缺素症、遗传性条纹	症状：苗龄长而苗体小，地上部颜色较深，暗淡无光，硬脆无韧性，根系老化，发棵慢 原因：土壤板结；化肥用量过大，种、肥隔离不足；播后土壤干旱；地温低 措施：及时中耕，提高地温；叶面喷肥，促其快速恢复；治盐碱；底肥不施氯化钾等含氯肥料

（续）

肥　害	分　蘖 
   （引自徐秀德等，2009）	 
症状：过多的可溶性氮、钾等肥料接近种子时，会抑制种子发芽或致出苗不齐、缺苗、植株生长缓慢、根系变褐、幼苗矮化、叶色变黄，甚至逐步枯死。轻度叶面肥害发生时，叶片边沿褪绿变黄或变白枯死，叶面皱缩；严重时，叶面出现失水褪绿斑，并很快干枯。肥料落入心叶中会烧伤生长点和叶片 原因：施用化肥过量或施肥种类、方法不当或施用劣质化肥以及干旱缺水导致植株生理或形态失常。干旱天气根系生长缓慢、吸水受限时更易发生肥害。发生肥害后要及时大水漫灌	症状：出苗至拔节阶段，玉米植株基部节上的腋芽长出多个侧枝，称为分蘖（丫子） 原因：品种特性；苗期低温、干旱，群体密度过小，施肥过多，玉米粗缩病、疯顶病和丝黑穗病等病害。分蘖要及时拔除

3. 遗传性病害　还有一类因植物自身遗传因子或先天性缺陷引起的病害称为遗传性病害，病斑上分离不到病原菌，属于非侵染性病害，如遗传性条纹病、遗传性斑点病、白化苗、黄绿苗、

子粒丝裂病、子粒爆裂病和生理性红叶病等。应避免用有遗传性病害的自交系做育种亲本材料（表3-5）。

表3-5　玉米遗传性病害

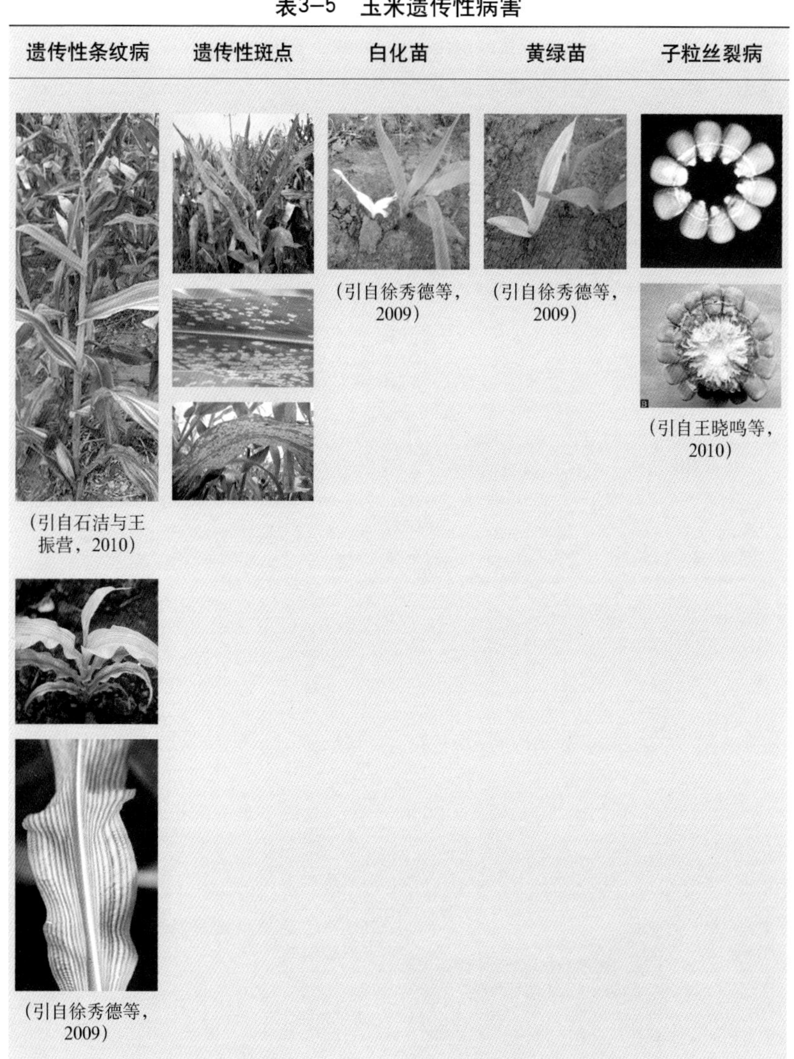

遗传性条纹病	遗传性斑点	白化苗	黄绿苗	子粒丝裂病
（引自石洁与王振营，2010） （引自徐秀德等，2009）		（引自徐秀德等，2009）	（引自徐秀德等，2009）	（引自王晓鸣等，2010）

（三）玉米植株畸形

主要表现为矮化、丛生、器官变态、卷叶、徒长、肿瘤等，主要由病虫害或除草剂药害造成，参见病虫害及除草剂药害图片。

三、苗期自然灾害

见表3–6。

表3–6 玉米苗期主要自然灾害及其对策

类型	典型症状与为害	技术措施
干旱	 西南玉米区降雨主要集中在夏季，春旱、伏旱、秋旱时有发生，加上耕地土层浅薄、瘦瘠、保水保肥能力差。播种至出苗阶段，表层土壤水分亏缺，种子处于干土层，不能发芽和出苗，播种、出苗期向后推迟，易造成缺苗；出苗地块由于干旱苗势弱、植株小、发育迟缓，群体生长不整齐	干旱常发生地区：增施有机肥、培肥地力，提高土壤缓冲能力和抗旱能力；因地制宜采取蓄水保墒耕作技术，建立“土壤水库”；兴修农田水利，建造积雨微水池；选用耐旱品种；小麦等前茬秸秆覆盖行间保水；采取地膜覆盖和育苗移栽；坐水种、等雨播种或“寄种”播种；调整播期，避免或减轻干旱胁迫  西南地区修建的微水池 （拍摄于四川简阳，2008年4月） 干旱发生后： ①分类管理。出苗达70%以上地块，推迟定苗、留双株、保群体；出苗50%以上的地块，尽快发芽坐水补种；缺苗在60%以上地块，改种早熟玉米、青贮玉米或其他旱地作物 ②采取措施，充分挖掘水源、全力增加有效灌溉面积 ③做好各项播种准备工作，遇雨土壤墒情适宜时抢墒播种 ④加强田间管理，已出苗地块要早中耕、浅中耕，减少蒸发
风灾或强降雨倒伏	 幼苗倒伏和折断；土壤紧实、湿度大以及虫害等影响根系发育，造成根系小、根浅，容易发生根倒 苗期和拔节期遇风或强降雨倒伏，植株一般能够恢复直立	①选用抗倒品种；土壤深松、破除板结 ②风灾较重地区，注意施足底肥、壮秆；适当降低种植密度，顺风方向种植玉米；适当深栽 ③苗期倒伏常伴随降雨多、涝害，灾害后及时排水 ④加强管理，如培土、中耕、破除板结，还可增施速效氮肥，提高植株生长能力

（续）

类型	典型症状与为害	技术措施
冰雹	 直接砸伤玉米幼苗，毁坏叶片，冻伤植株；土壤表层被雹砸实，地面板结；茎叶创伤后感染病害。雹灾常伴有大风，造成低洼地幼苗倒伏或被泥浆掩盖而死亡。雹灾为害程度取决于降雹块大小和持续时间	完善高炮、火箭等人工防雹设施，及时预防、消雹减灾。灾后尽快评估对产量的影响。主要措施： ①苗期灾后恢复能力强，只要生长点未被破坏，都能恢复生长，慎重毁种 ②及时中耕松土，破除板结、提高地温，增加土壤透气性；追施速效氮肥（每亩尿素5～10千克）；新叶片长出后叶面喷施磷酸二氢钾2～3次，促进新叶生长 ③挑开缠绕在一起的破损叶片，使新叶能顺利长出 ④警惕病害发生 ⑤毁种地块可种植早熟玉米或马铃薯、豆类、荞麦等作物
低温冷害	 西南高原、山区4～5月常发生倒春寒易造成低温冷害 玉米幼苗期受低温为害后，代谢作用效率下降、细胞膜通透性降低和蛋白质降解；中胚轴和胚芽鞘变褐及萎蔫、叶片呈水渍状及发育不全、甚至因幼苗生长受阻而不能成活，冷害症状可一直延续到恢复生长期。冷害造成植株生长发育迟缓，形成僵苗，降低幼苗个体素质	①搞好品种区划，选用苗期耐低温品种 ②种子处理。用浓度0.02%～0.05%的硫酸铜、氯化锌、钼酸铵等溶液浸种，可提高玉米种子在低温下的发芽力，减轻冷害 ③适期播种。按玉米种子萌动的下限温度，结合当地气象条件，安排适当播种期，避免冷害威胁 ④地膜覆盖和育苗移栽种植 ⑤加强肥水管理，提高植株抗性

（续）

类型	典型症状与为害		技术措施
冻害	 	气温低于-1℃时，冻害导致地上部叶片和组织呈水渍状、萎蔫至死亡。由于玉米6叶展之前生长点在地下，当温度回升后，往往生长点还能恢复生长。在条件适宜时，冻害后3～4天植株能长出新叶 霜冻为害植物的实质是低温冻害，但植物受冻害不是由于低温的直接作用，而主要是因为植物组织中结冰导致植物受到损伤或死亡	①掌握当地低温霜冻发生的规律，选择生育期适宜品种，使玉米播种于“暖头寒尾” ②选择抗寒力较强的品种，采用能提高作物抗寒能力的栽培技术 ③霜冻发生后，应及时调查受害情况，制定对策，不轻易毁种。仔细观察主茎生长锥是否冻死（冻死症状：深色水渍状），若只是上部叶片受到损伤，心叶和生长点基本未受影响，可以通过加强田间管理，及时进行中耕松土、提高地温，追施速效肥，加速玉米生长，促进新叶生长。对于冻害特别严重，致使玉米大部死亡的田块，要及时评估，改种早熟玉米或其他作物
涝渍	 （荣廷昭　提供） 	玉米萌芽和幼苗阶段特别怕涝，属涝害敏感期。在播种至3叶期常发生芽涝，抑制根系生长和吸收活动，叶片萎蔫、变黄、生长缓慢和干重降低，甚至幼苗大面积死亡。地势低洼、土壤黏重、降雨频繁地区易发生。西南“水改旱”、山谷地、河滩地及排水不好的地块易发生	苗期涝害常发地区，配套并畅通排灌沟渠；选用耐涝品种；调整播期，使最怕涝的敏感期（苗期和灌浆期）尽量赶在雨季开始之前；平整低洼地；采用垄作等适宜的耕作方式。涝害发生后，应及时评估涝害损失。主要措施： ①及时排涝，清洗叶片上的淤泥 ②浅中耕、划锄，通气散墒 ③及时追施速效氮肥，如硫酸铵、碳酸氢铵，补充土壤养分损失，恢复根系生长，促弱转壮 ④死苗60%以上时，重播或改种其他作物
高温	 （引自王晓鸣等，2010）	苗期高温，幼嫩叶片从叶尖开始出现干枯，导致半叶甚至全叶干枯死亡；高温使叶片叶绿体结构破坏，光合作用减弱，呼吸作用增强，消耗增多，干物质积累下降；植株生长较弱，根系生理活性降低，易受病菌侵染发生苗期病害。高温成灾因干旱而加重	①高温常发地区，注意选育推广耐热品种；调节播期，使开花授粉期避开高温天气；适当降低密度，宽窄行种植，培育健壮植株 ②夏季高温逼熟常发生地区，选保绿性好的品种，有利于延长灌浆期而高产；或选早熟品种，在高温到来前成熟 ③适期喷（灌）水，改变农田小气候

（续）

类型	典型症状与为害	技术措施
日灼	 轻微受害的组织表现出分段的叶脉间组织失绿，受害组织呈透明状。受害严重的叶片因组织坏死而枯死	属突发问题，无法预防，对生产影响有限

四、苗期病害的识别与防治

见表3-7。

表3-7 玉米苗期主要病害及其防治

病害名称	症状描述	防治技术
种子腐烂	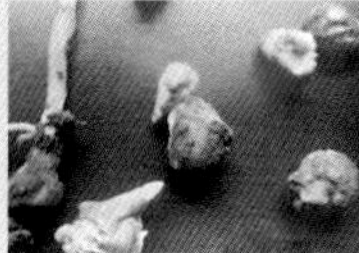 玉米种子在萌发过程中，遭受土壤或种子携带的真菌侵染，引起种子腐烂。种子霉变不发芽，或种子发芽后腐烂不出苗，或根芽病变导致幼苗顶端扭曲叶片伸展不开。湿度大时，在病部可见各色霉层	①本病易防难治，种子包衣为最佳防治措施，发生后无有效挽救措施，严重田块毁种重播 ②可选择满适金、卫福等拌种剂按标签做种子处理。地下害虫严重的地块，选择含氯氰菊酯、丁硫克百威、辛硫磷等杀虫成分的种衣剂做种子处理
根腐病（苗枯病）	 根系出现变褐、腐烂、胚轴缢缩、干枯，根毛减少，无或少有次生根等症状，植株矮小，叶片发黄，从下部叶片的叶尖部位开始干枯，严重时幼苗死亡	①本病以预防为主，播种前采用咯菌腈悬浮种衣剂或满适金种衣剂包衣效果较好 ②发病后加强栽培管理，喷施叶面肥；湿度大的地块中耕散湿，促进根系生长发育 ③严重地块可选用72%代森锰锌·霜脲氰可湿性粉剂600倍液，或58%代森锰锌·甲霜灵可湿性粉剂500倍液喷施玉米苗基部或灌施根部

（续）

病害名称	症状描述		防治技术
玉米矮花叶病		幼苗先在心叶产生褪绿或斑驳的花叶症状。随植株长大，褪绿病斑逐渐向全株扩展，表现为典型的花叶状	①种植抗病品种 ②控制蚜虫，减少毒源传播 ③及时拔除病苗
玉米粗缩病	  （郭新平　提供）	病苗浓绿，节间缩短，叶片僵直，宽短而厚，簇生如君子兰状。心叶细小，叶脉呈断续透明状——明脉，叶片背部叶脉上产生蜡白色隆起——脉突。病株多数不能结实	①预防为主，发病后无有效挽救措施 ②调整播期，使玉米苗感病期避开灰飞虱迁飞期 ③采用锐胜、高巧种衣剂包衣有部分效果 ④在灰飞虱迁飞高峰期叶面喷施3%啶虫脒乳油，或10%吡虫啉可湿性粉剂，或25%吡蚜酮2 000倍液杀虫防病

五、苗期虫害的识别与防治

见表3–8。

表3–8 玉米苗期主要虫害及其防治

害虫名称	形态特征	为害状	防治措施
小地老虎	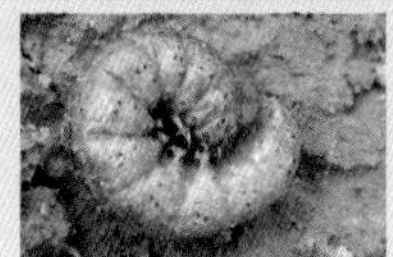 幼虫：头黄褐色，体灰褐色，体表粗糙，布满圆形深褐色小颗粒 成虫：黄褐色至灰褐色，前翅长三角形，后翅灰白色，脉纹及边缘色深，腹部灰黄色	 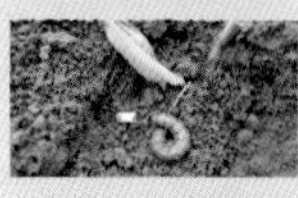  啃食叶片或幼茎，造成小孔洞和缺刻；将幼苗心叶或近地面茎部咬断，整株死亡	①利用杀虫灯诱杀成虫 ②将麦麸等饵料炒香，每亩用4～5千克，加入90%敌百虫的30倍水溶液150毫升，拌匀成毒饵，于傍晚撒于地面诱杀 ③亩用90～120克48%毒死蜱乳油对水50～60千克，或50%辛硫磷乳油800倍液，或2.5%溴氰菊酯3 000倍液，或20%氰戊菊酯3 000倍液，于幼虫1～3龄期傍晚喷雾，重点喷施苗周土表 ④清早时分，在受害株旁人工挖出幼虫杀死  杀虫灯
黄地老虎	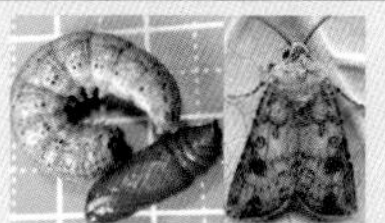 幼虫：头部黄褐色，体淡黄褐色，体表颗粒不明显，体多皱纹而淡 成虫：灰褐至黄褐色。前翅黄褐色，全面散布小褐点，后翅灰白色，半透明	 多从地面上咬断幼苗，或钻蛀根茎处成小孔，幼苗枯萎。主茎硬化后可爬到上部为害生长点	
蝼蛄	 东方蝼蛄成虫体长31～35毫米。体色灰褐至暗褐，前足发达，腿节片状，胫节三角形，端部有数个大型齿，便于掘土	  直接取食萌动的种子，或咬断幼苗的根茎，咬断处呈乱麻状，造成植株萎蔫	

（续）

害虫名称	形态特征	为害状	防治措施
蛴螬	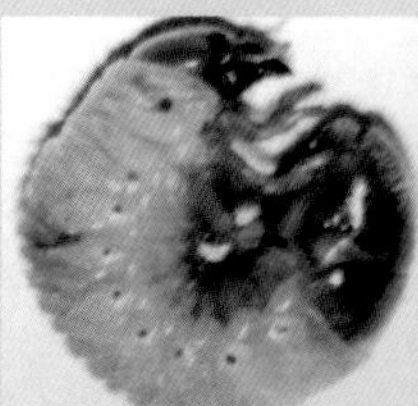  体肥大，体型弯曲呈C形，白色或黄白色。头黄褐色，腹部肿胀	 啃食萌发的种子，咬断幼苗的根、茎，断口整齐平截，可造成地上部萎蔫	①黑光灯、频振式太阳能杀虫灯诱杀成虫 ②育苗移栽苗受害轻 ③每亩地用25%辛硫磷胶囊剂150～200克拌谷子等饵料5千克，或50%辛硫磷乳油50～100克拌饵料3～4千克，撒于种沟中
金针虫	 幼虫：长圆筒形，体表坚硬，蜡黄色或褐色，末端有2对附肢 成虫：体形细长或扁平，具有梳状或锯齿状触角。胸部下侧有1个爪，受压时可伸入胸腔	  成虫在地上取食嫩叶，幼虫为害幼芽和种子或咬断刚出土的幼苗，有的钻蛀茎或种子，蛀成孔洞，致受害株干枯死亡	苗期可用40%的毒死蜱1 500倍，或40%的辛硫磷500倍与适量炒熟的麦麸或豆饼混合制成毒饵，于傍晚顺垄撒入玉米基部。也可在种子和肥料中拌杀虫药剂防治

（续）

害虫名称	形态特征	为害状	防治措施
弯刺黑蝽	  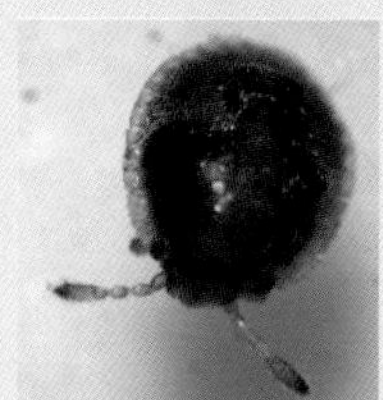 成虫雄虫体长8～9毫米，雌虫9～10毫米。头部黑色，前端呈小缺刻状。前胸背板、小盾片及前翅的爪片、革片暗黄色，后足胫节中部黄褐色，身体其余部分黑色。前胸背板中央有1条淡黄褐色的细纵线。前胸背板前角尖长弯曲斜向前伸，其侧角伸出体外，端部略向下弯。雌虫腹末钝圆，雄虫则有1对向后伸出的突起	  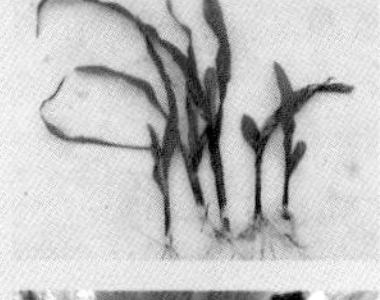  主要以若虫、成虫在玉米茎基部和根部刺吸汁液。2～5叶期玉米苗被害后，心叶萎蔫，成为畸形苗或枯心苗。拔节前被害，叶片出现排孔，新叶卷曲、色浓、皱缩、纵裂，植株矮化扭曲、分蘖丛生。拔节后玉米被害较轻	使用60%吡虫啉悬浮型种衣剂，或丁硫克百威35%干粉剂拌种，或在播种时用3%辛硫磷颗粒剂按说明施入玉米穴中。当田间出现为害株时，用40%毒死蜱乳油或10%氯氰菊酯乳油灌根。使用剂量按标签说明

（续）

害虫名称	形态特征	为害状	防治措施
大螟	  老熟幼虫体30毫米，较粗壮，头红褐色或暗褐色，腹部背面带紫红色	   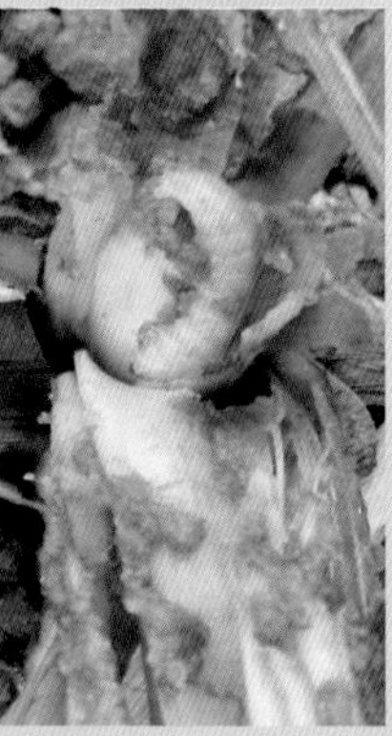 幼虫蛀食玉米的生长点，造成枯心苗	①在冬季或早春成虫羽化前，处理寄主茎秆，压低虫口基数。及时铲除田边杂草可有效降低第1代虫量 ②人工摘除卵块，拔除枯心苗（原始被害株），降低虫口密度，防止转株为害 ③亩用18%的杀虫双水剂200克对水45千克喷施玉米茎秆

（续）

害虫名称	形态特征	为害状	防治措施
黏虫	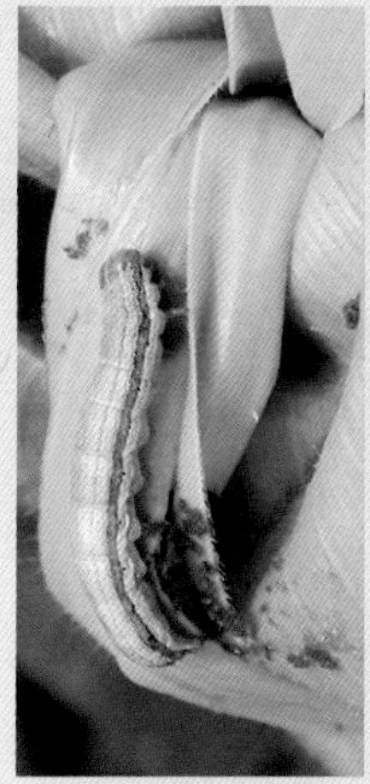 幼虫：头部沿蜕裂线有棕黑色八字纹，体背具各色纵条纹5条 成虫：淡黄褐色或灰褐色，前翅中央前缘各有2淡黄色圆斑，外侧圆斑后方有1小白点，白点两侧各有1小黑点，顶角具1条伸向后缘的黑色斜纹	 （王璞　提供） 1～2龄幼虫取食叶片形成孔洞，3龄以上幼虫为害叶片后呈现不规则的缺刻，严重时将玉米叶片吃光，只剩叶脉	①用糖醋液、黑光灯、频振式太阳能杀虫灯或谷草把诱杀成虫 ②在幼虫3龄前可用5％氟虫脲乳油4 000倍液，或灭幼脲1号，或灭幼脲2号，或灭幼脲3号500～1 000倍液喷雾防治 ③可选用5％ S-氰戊菊酯3 000倍液，或20％杀灭菊酯2 000倍液，或50％辛硫磷1 000倍液，或25％氰戊·辛硫磷乳油1 500倍液，或10%阿维·高氯1 000倍液喷雾防治

（续）

害虫名称	形态特征	为害状	防治措施
二点委夜蛾	 （玉米产业技术体系石家庄试验站） 幼虫黄灰色到黑褐色，头部褐色，额深褐色；腹部背面有两条褐色背侧线，到胸节消失，各体节前缘具有1个倒三角形的深褐色斑纹；气门黑色，有假死性 成虫灰褐色，前翅黑灰色，上有白点、黑点各1个，后翅银灰色，有光泽	  幼虫主要从幼苗茎基部钻蛀，形成圆形或椭圆形孔洞，钻蛀深时，心叶失水萎蔫，形成枯心苗，严重时整株死亡	①在麦收后播前使用灭茬机或浅旋耕灭茬后再播种玉米，即可有效减轻二点委夜蛾为害，也可提高玉米的播种质量 ②最佳防治时期为出苗前。播种后结合播后浇水，随水浇灌毒死蜱乳油1千克/亩；或者播种后在播种沟上喷洒有机磷农药或覆盖毒土 ③在成虫高发期用频振灯诱杀成虫 ④喷有机磷类农药的田块，不能选择和有机磷杀虫剂有拮抗作用的苗后除草剂，避免在上午喷雾，改在傍晚喷雾减轻除草剂药害的发生 ⑤发现被害株后可采用有机磷药剂毒土围棵撒施（或去掉喷片围棵喷雾），虽然不能杀死垄间害虫，田间虫口减退率较低，但是被害株率明显减少，保苗作用明显
蟋蟀	 黄褐色至黑褐色。后足发达，善跳跃，跗节三节，尾须较长。前翅硬、革质；后翅膜质，用于飞行	 食性较杂。可为害玉米的根、茎、叶，有时也为害子粒，取食叶片呈缺刻或孔洞状，常吃光幼苗的子叶或齐地咬断嫩茎，造成缺苗断垄	①毒饵或堆草诱杀，毒饵制作见地下害虫 ②每亩用50%辛硫磷乳油75克加适量的水，拌30～50千克细土，从地块周围向中心撒施毒土 ③用50%辛硫磷乳油2 000倍液，或48%毒死蜱乳油1 000倍液喷雾

（续）

害虫名称	形态特征	为害状	防治措施
玉米黑毛虫	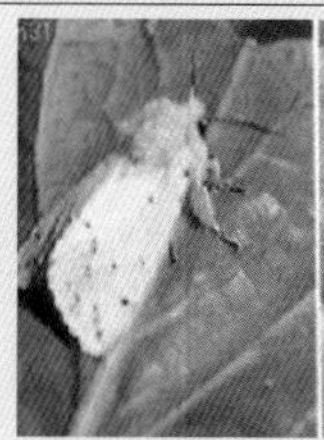 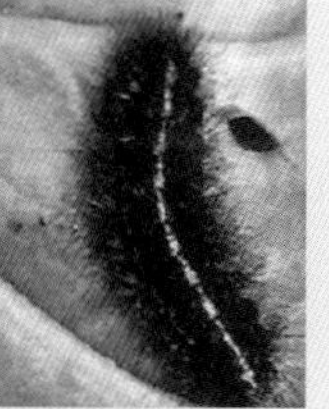 （李晓　提供） 白毒蛾、红缘灯蛾和八点灰灯蛾的幼虫因长有黑色体毛统称为黑毛虫，是广西山区玉米的主要害虫。在每年2～3月早玉米苗期，玉米黑毛虫转入玉米地为害，初孵幼虫咬食叶片下表皮和叶肉，留下上表皮和叶脉，叶面形成枯斑。3龄以后的幼虫蚕食叶片咬成缺刻，甚至吃光幼苗。穗期时幼虫食玉米花丝，严重影响授粉		①冬季清除田中杂草，消灭在其中潜藏越冬的幼虫 ②在幼虫孵化盛期药剂防治，可用20%氰戊菊酯2 000倍液，或90%晶体敌百虫500倍液喷雾。傍晚用药较好 ③玉米黑毛虫毛有毒，防治时注意自我防护

六、其他生物为害及防治

见表3-9。

表3-9　玉米其他生物为害及其防治

害虫名称	形态特征	为害状	防治措施
蜗牛	 同型巴蜗牛：贝壳中等大小，壳质厚，呈扁球形；壳面呈黄褐色至红褐色，壳口马蹄形 灰巴蜗牛：贝壳中等大小，呈球形；壳面黄褐色或琥珀色，常分布暗色不规则形斑点，壳口椭圆形	 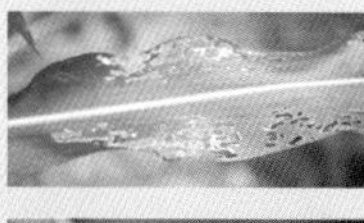 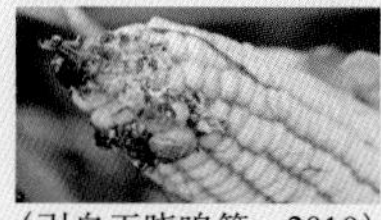 （引自王晓鸣等，2010） 初孵幼螺只取食叶肉，留下表皮，稍大个体则用齿舌将叶、茎舔食成小孔或缺刻；或沿叶脉取食，叶片呈条状缺失。也取食幼嫩子粒和花丝	①多聚乙醛300克、蔗糖50克、5%砷酸钙300克、米糠400克（用火在锅内炒香）拌匀，加水适量制成黄豆大小的颗粒，顺垄撒施诱杀 ②用6%四聚乙醛颗粒剂1.5～2千克，碾碎后拌细土5～7千克，在傍晚撒在受害株附近根部的行间。也可用50%辛硫磷乳油1 000倍液喷雾

（续）

害虫名称	形态特征	为害状	防治措施
鼠害	主要害鼠有黄毛鼠、褐家鼠及板齿鼠等。害鼠多没有冬眠期，终年为害，主要在玉米播种出苗期和采收期为害严重。玉米播种后主要以取食种子或幼苗胚乳、撕咬幼苗嫩茎方式为害，造成缺苗断垄；花粒期以咬食子粒方式为害	 	①及时清除杂草，合理安排作物布局，搞好田间环境卫生 ②产区可统一在春耕前毒鼠，平时可选鼠道投毒饵诱杀。采用0.05%～0.1%的敌鼠钠盐，或8%灭鼠灵水剂等鼠药做成毒饵。配制时，敌鼠钠盐和杀鼠迷需用水加热，溶解充分后再加入稻谷或玉米搅匀，晾干即可在田间多点投放。投放时每一小堆20克毒饵，15天后再投饵一次 ③用鼠夹。以肉、花生仁或葵花籽等做诱饵，置于鼠洞处或鼠道上捕鼠 ④也可购买市售毒饵，按说明使用。无论使用何种鼠药，都应注意人、畜安全
鸟害	叼起刚刚萌动出土的幼苗，啄食种子带甜味的营养物质；灌浆期为害雌穗顶部裸露的玉米。鸟害对山林附近一些玉米常造成毁灭性灾害	 	地膜覆盖可防鸟类啄食种子。在播种、收获等关键季节也可采用： ①声音驱鸟：电子声音趋鸟器、哨声（锣、鼓）、放鞭炮等 ②视觉驱鸟：田间地头挂彩条或闪光条及老鹰、猫头鹰和蛇等天敌模型 ③拉网驱鸟 ④化学防鸟：利用化学驱逐剂氨茴酸甲酯（商品名为Bird Shield）等

（续）

害虫名称	形态特征	为害状	防治措施
灰飞虱	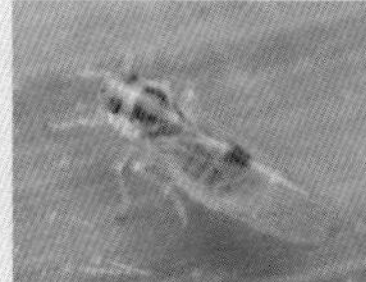 浅黄褐色至灰褐色。头顶稍突出，额区具黑色纵沟2条，触角浅黄色。前翅淡灰色，半透明，有翅斑	 由于玉米非灰飞虱喜食作物，所以直接为害造成产量损失较小。但因其传播水稻黑条矮缩病毒，引起玉米粗缩病，造成的产量损失较大	①调整播期，推广麦后直播，避免麦套玉米，错开灰飞虱迁飞期 ②用10%吡虫啉可湿性粉剂1 000 ～ 1 500倍液，或25％吡蚜酮可湿性粉剂2 000 ～ 2 500倍液等药剂喷雾杀虫

七、苗后化学除草

未封闭除草或封闭失败的田块可进行苗后化学除草。

西南玉米种植多在丘陵山地，土壤不平整，致使土壤封闭除草剂的防效受到影响，加之西南雨水偏多，田间杂草更加茂密，因此，苗后田间除草很有必要。西南玉米田杂草群落复杂多样，给除草剂选择带来困难，需针对田间杂草的种类选择对玉米生长安全的除草剂。

一般玉米3 ～ 5叶期施用茎叶处理除草剂。在玉米生长中后期，也可用灭生性除草剂进行行间除草，但需使用安全罩，避免药液或雾滴喷洒到玉米植株上（图3–5）。

除草剂使用不当，往往会对作物造成不同程度的药害，就其作用方式，药害可分如下两类：

①触杀、接触性药害。此类药害多为灭生性除草剂使用不当所致。症状明显，常常叶、茎部有灼烧斑点，甚至整片叶焦枯、脱落，严重者心叶扭曲皱缩。但此类除草剂不在植株内传导，对

图3–5　苗后施灭生性除草剂加装防护罩

作物生长影响相对较小。

②内吸、系统性药害。此类药害初期急性症状不明显，但后期往往表现为生长迟缓、植株矮小，对作物产量影响极大，严重时可使作物绝收。此类药害常为内吸传导性除草剂所致。

药害产生的主要原因：

①施药时间不当。玉米3～5叶期是喷洒茎叶处理除草剂的关键时期，过早或过晚使用都易造成药害。

②施药剂量不当。盲目加大施药量、重叠喷药造成药害。

③施药方法不当。如灭生性除草剂在风大天喷雾会由于药液漂移到玉米植株造成药害斑。

④前茬除草剂的残留。如前茬小麦用甲磺隆对玉米的残留药害问题；又如玉米田用莠去津、阔草清、烟嘧磺隆等对后茬作物或间套作作物的药害。

⑤品种敏感性。不同血缘的品种对除草剂的敏感性不同，对大面积使用的除草剂需先进行品种安全性试验。

一旦出现除草剂药害，要通过浇水和喷施植物生长调节剂来促进植株生长，缓解药害。对扭曲叶片需人工剖开，助心叶展开。如果药害不严重，加强管理后，玉米可以恢复；如果心叶已经腐烂坏死，或者生长停滞，需补种或毁种（表3–10）。

表3–10　苗后除草剂的药害

除草剂类型	名称	药害表现		使用注意事项
苯氧羧酸	2，4–D丁酯、2甲4氯、2甲4氯钠、2甲4氯钠盐、2，4–D异辛酯、2，4–D二甲胺盐	叶色浓绿，严重时叶片变黄，干枯；茎扭曲，叶片变窄，有时皱缩，心叶卷曲呈“葱管”状；茎秆脆、易折断，茎基部鹅头状，支撑根短而融合，易倒伏。严重的叶片变黄、干枯，无雌穗	 心叶“葱管”状 （张敏　提供）	①无风情况下施药，使用时尽量避开棉花、大豆、向日葵、蔬菜、瓜类等敏感作物 ②不得与酸碱性物质接触。不得与种子化肥一起贮存。喷施药械最好专用 ③可喷洒赤霉素或撒石灰、草木灰或活性炭等，以减轻药害
磺酰脲类	烟嘧磺隆、噻吩磺隆、砜嘧磺隆	心叶褪绿、变黄、黄白色或紫红色，或叶片出现不规则的褪绿斑；或叶缘皱缩，心叶不能正常抽出和展开；或植株矮化，丛生 土壤中残留造成的药害症状多为玉米3～4叶期呈现紫红色和紫色	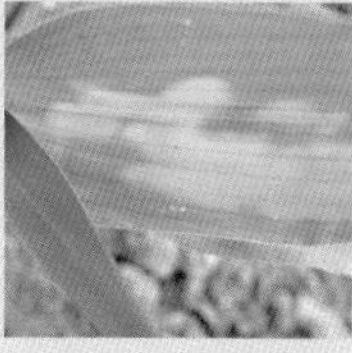 叶片不规则褪绿斑   氯嘧磺隆药害 （引自徐秀德等，2009）	①烟嘧磺隆在玉米3～5叶期，噻吩磺隆、砜嘧磺隆在玉米4叶期前施药为安全期；遇高温干旱、低温多雨、连续暴雨积水易产生药害。施药前后7天内，尽量避免使用有机磷农药 ②玉米对氯嘧磺隆、苯磺隆、氯磺隆敏感，避免在这些除草剂残留地块中播种

（续）

除草剂类型	名称	药害表现		使用注意事项
三氮苯类	莠去津、氰草津	从叶片尖端及边缘开始叶脉间失绿变黄，后变褐枯死，心叶扭曲，生长受到抑制	心叶扭曲	莠去津持效期长，勿盲目增加药量，以免对后茬敏感作物产生药害。氰草津在土壤有机质含量低、沙质土或盐碱地易出现药害，玉米4叶期后使用易产生药害
杂环化合物	甲基磺草酮（硝磺草酮）、嗪草酸甲酯	甲基磺草酮：叶片局部白化现象。嗪草酸甲酯：玉米叶尖发黄，叶片出现灼伤斑点	叶片局部白化	正常剂量下对玉米安全；施药后1小时降雨，不必重喷；低温影响防治效果；甜玉米和爆裂玉米不宜使用
三酮类	磺草酮	叶片叶脉一侧或两侧出现黄化条斑，严重时呈白化条斑	叶脉两侧黄化条斑	玉米2～3叶期施药，禾本科杂草3叶后对该药抵抗力增强；无风天气下施用；玉米、大豆套种田不宜使用
联吡啶	百草枯	着药叶片先迅速产生水渍状灰绿色斑、产生枯斑，斑点大小、疏密程度不一，边缘常黄褐色，未着药叶片正常。受害严重时，叶片枯萎下垂，植株枯死	着药部位不均匀枯斑  （引自徐秀德等，2009）	灭生性除草剂，施药时切忌污染作物；无风天气下喷施，配药、喷药时要有防护措施，戴橡胶手套、口罩，穿工作服
腈类	溴苯腈、辛酰溴苯腈	溴苯腈：着药叶片出现明显的枯死斑，新出叶片无药害现象 辛酰溴苯腈：用药后玉米叶有水渍状斑点，之后斑点发黄，有明显的灼烧状，但不扩展	  溴苯腈药害 （引自徐秀德等，2009）	3～6叶期施药，勿在高温天气用药，施药后需6小时内无雨；不宜与碱性农药混用，不能与肥料混用，也不能添加助剂。不可直接喷在玉米苗上

第四部分 穗期管理

一、穗期生长发育及管理要点

（一）生长发育特点

玉米从拔节至抽雄穗为穗期。此期的生长发育特点是营养器官生长旺盛，地上部茎秆和叶片以及地下部次生根生长迅速，同时雄穗和雌穗相继开始分化和形成，植株由单纯的营养生长转向营养生长与生殖生长并进。其中，前半期（拔节至大喇叭口期）以茎叶生长为中心，后半期（大喇叭口期至抽雄穗）以雌穗分化为中心。供长中心叶是植株下、中层叶片。穗期是玉米一生当中生长最旺盛的时期，也是玉米一生中田间管理的重要时期。

（二）田间管理的主攻目标

此期管理目标为玉米营养生长与生殖生长协调，达到壮秆、穗大、粒多的目的。丰产长相是植株敦实粗壮，叶片生长挺拔有劲。

（三）生产管理技术

1. 拔节肥与穗肥　进入穗期阶段，植株生长旺盛，对矿质养分的吸收量最多、吸收强度最大，是玉米一生中吸收养分的重要时期，也是施肥的关键时期。根据玉米对氮素吸收的双峰曲线，第一次高峰出现在拔节期至小喇叭口期，因此，没有施用苗肥的地块，首先应施拔节肥。春播套种中熟品种，拔节肥用量应占施肥量的20%～30%，亩用人畜粪尿1 000千克左右，尿素10～15千克，氯化钾6千克（若底肥施过可不施氯化钾）对水施用。春夏旱地区雨水少，土壤干旱，可加大肥水用量，肥料以占总用量的30%为宜。夏播玉米生育进程快，应在全展叶6片、见展叶差

3～4片时，亩用人畜粪尿1 000～1 500千克，尿素20千克，腐熟油枯（即油渣）20千克或干粪1 000千克，距植株10～17厘米处挖窝深施，同时浅中耕培土盖窝。夏玉米拔节肥用量一般占总用量的30%左右。

若定苗后或移栽后10～15天施过提苗肥，应视幼苗长势酌情巧施拔节肥，叶色淡补施，叶色浓少施或不施。

大喇叭口期追施氮肥，可有效促进果穗小花分化，实现穗大粒多，是玉米水肥临界期，需要猛攻穗肥。这次追肥以氮肥为主，施用量占总施肥量的40%～60%，每亩用发酵的油枯（油渣）25～30千克或氯化钾15～20千克（也可用腐熟的堆肥或厩肥1 000～1 500千克），加尿素20～25千克或用碳酸氢铵40～50千克。

如在地表撒施时一定要结合灌溉或有效降雨进行，以防造成肥料损失。有条件的地方可采用中小型中耕施肥机进行施肥作业。中耕施肥机在中耕起垄时，将肥料装入播肥箱内，通过主动轮转动带动播肥齿轮转动，将肥均匀施下。中耕追肥机具要求具有良好的行间通过性能，无明显伤根、伤苗问题，伤苗率小于3%，追肥深度控制在地下5～10厘米，部位在植株行两侧10～20厘米，肥带宽度大于3 厘米，无明显断条，施肥后覆盖严密（图4–1）。

图4–1　小型机动施肥机
（张中东　提供）

2. 灌溉与排水　进入穗期，玉米植株对水分的需求量增大，干旱会造成果穗有效花数和粒数减少，还会造成抽雄困难，形成“卡脖旱”。同时，此期西南地区已进入雨季，若降雨多，土壤水分过多，土壤缺氧，易造成雌、雄穗发育受阻，空秆率增加，或造成倒伏。因此，这段时期应加强田间水分管理，根据天气情况和土壤墒情做好灌溉和排水工作。一般拔节后应结合施肥浇拔节水，使土壤水分保持在田间持水量的65%～70%为宜；从大喇叭口期到抽雄期为玉米需水临界期，对水分反应十分敏感，应结合重施穗肥，重浇攻穗水，使土壤水分保持在田间持水量的70%～80%。若干旱缺水，低于田间持水量的40%时，就会造成"卡脖旱"，使雌、雄穗不能正常发育，抽丝散粉延迟，授粉不良。

3. 中耕培土　中耕培土有利改善土壤通透性，促进玉米根系生长；同时培土可提高玉米植株的抗倒能力。一般穗期进行两次中耕培土，在拔节前后至小喇叭口期，结合施拔节肥进行深中耕小培土，将肥料埋入土中，行间的泥土培到玉米根部形成土垄。在大喇叭口期结合重施穗肥，再进行1次中耕高培土（高度7～8厘米）。在潮湿、黏重的地块以及大风、多雨地区和年份，培土的增产、稳产效果较为明显（图4-2）。

图4-2　结合施肥培土

（四）病虫草害防治

西南地区，玉米穗期已进入雨季，田间容易形成高温、高湿的小气候，造成大、小斑病、纹枯病、青枯病、南方锈病等病害的发生；同时还有玉米螟、黏虫、桃蛀螟、棉铃虫、蚜虫、铁甲虫等虫害发生，应注意勤查，一旦发现，及时防治。

许多病虫害在穗期发生，在花粒期表现严重。由于玉米生育后期植株高、群体密，进地防治不易，而且病害一旦流行蔓延，再用药剂防治不仅成本增加，防效也差。因此，穗期是玉米病虫害发生和防治的重要时期。叶斑病的防治需从此时开始。纹枯病从苗期到花粒期都可发生，但主要发生在拔节至抽雄期，此时“剥脚叶”和药剂防治效果好。一代玉米螟在这个时期发生和为害，卵孵高峰是用药最佳时间，可将药剂重点施于玉米喇叭口中以接触在心叶取食的幼虫，提高防效。对玉米行间杂草可用灭生性除草剂加防护罩定向喷雾防治。

（五）化学调控技术

化学调控技术是指以应用植物生长调节物质为手段，通过改变植物内源激素系统，调节作物生长发育，使其朝着人们预期的方向和程度发生变化的技术。化学调控技术具有许多优点，技术简单、用量少、见效快、效益高、便于推广应用、对环境和产品安全。

1. 化学调控应遵循以下原则

①适用于风大、易倒伏的地区和水肥条件较好、密度高、生长旺盛、品种易倒伏的田块。

②增密种植，比常规大田密度亩增500 ~ 1 000株。

③根据不同化控试剂的要求，在其最适喷药时期喷施。

④科学施用，掌握合适的药剂浓度，均匀喷洒在上部叶片上，不重喷不漏喷。

⑤喷药后6小时内如遇雨淋，可在雨后酌情减量增喷1次。

2. 目前生产应用的玉米生长调节剂

①玉米健壮素。一般可降低株高20 ~ 30厘米，降低穗位15厘米；并使叶片上冲、根系增加，从而增强植株的抗倒耐旱能力。在1% ~ 3%的早发植株已抽雄和50%的雄穗将要露头时（用手摸其顶部有膨大感）用药最为适宜。每亩用1支（30毫升）对水20千克，晴天均匀喷在上部叶。

②金得乐。一般在玉米6 ~ 8片展叶时，每亩用1袋（30毫升）对水15 ~ 20千克喷雾，能缩短节间长度，矮化株高，增粗茎秆，降低穗位15 ~ 20厘米，从而抗倒伏。

③玉黄金。在6 ~ 8片展叶时（玉米株高0.5 ~ 1米）使用，每亩用2支（每支10毫升）对水30千克喷雾，能降低穗位和株高而抗倒，减少空秆、小穗，防秃尖。

二、穗期自然灾害

见表4-1。

表4-1 玉米穗期主要灾害及其对策

类型	典型症状与为害		处理措施
干旱		穗期植株生长旺盛、受旱植株叶片卷曲、影响光合作用与干物质生产，并进一步由下而上干枯，植株矮化；吐丝期推后，易造成雌、雄花期不遇。抽雄前受旱，上部叶节间密集，抽雄困难，影响授粉；幼穗发育不好，果穗小，俗称“卡脖旱”	①集中有限水源、实施有效灌溉，加强田间管理 ②喷叶面肥（如磷酸二氢钾800～1 000倍液）或抗旱剂（如旱地龙500～1 000倍液），降温增湿，增强植株抗旱性 ③加强田间管理。有灌溉条件的田块，灌后采取浅中耕，减少蒸发 ④干旱绝产地块及时青贮；割黄腾地，发展保护地栽培或种植蔬菜等短季作物
风灾倒伏		小喇叭口期倒伏植株可自然恢复直立生长。大喇叭口期后遇风灾发生倒伏，植株恢复直立生长的能力变弱，相互倒压，影响光合作用，应当及时扶起并培土固牢。抽雄开花前倒折植株没有产量 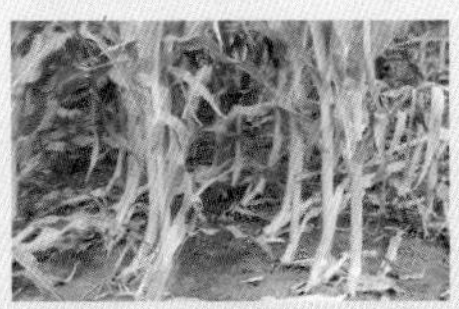 小喇叭口期倒伏后恢复直立  大喇叭口期倒伏后难以恢复直立，呈“鹅脖”状	①风灾倒伏常发区注意选择抗倒品种；合理密植；土壤深松、破除板结；深栽；增施有机肥和磷、钾肥，忌偏肥，拔节期避免过多追施氮肥；在大喇叭口期结合追肥进行培土，增加气生根层数 ②喷施玉米生长调节剂 ③通常风灾伴随雨涝，受灾后应及时排水，扶直植株、培土、中耕、破除板结，可适时增施速效氮肥，加速植株生长 ④防控玉米螟等病虫害 ⑤对茎折玉米要及时拔除，可做青饲料。可补种大豆、甘薯或蔬菜等作物

（续）

类型	典型症状与为害		处理措施
冰雹		砸伤玉米植株，砸断茎秆；叶片破碎；冻伤植株；地面板结；茎叶创伤后感染病害 拔节与孕穗期茎节未被砸断，通过加强管理，仍能恢复	①做好雹灾预报，完善高炮、火箭等防雹设施，及时预防和消灾 ②及时中耕松土，破除板结层，提高地温 ③追施速效氮肥和叶面喷肥，改善玉米营养条件 ④挑开缠绕在一起的破损叶片，以使新叶顺利长出 ⑤及时查苗，若20%～60%穗节被砸断，应及时锄掉砸断的玉米棵，补种绿豆、芸豆、大豆、甘薯、马铃薯、荞麦等作物，弥补损失；70%以上砸断，可毁种其他作物
涝渍		抑制根系发育和吸收，引起根系中毒，出现发黑、腐烂；叶色褪绿，光合能力降低，同化产物向根系的分配比例减少；植株软弱，基部呈紫红色并出现枯黄叶，生长缓慢或停滞；雄穗分枝数减少，雌穗吐丝期推迟，造成雌雄脱节，授粉困难，穗粒数减少，严重的全株枯死。成株期遭受涝渍灾害，造成植株倒伏，结实率下降	①涝害常发区注意采取垄作栽培 ②尽快组织人力物力排除积水；清洗叶片上的淤泥；扶正植株，清除倒折玉米株 ③中耕松土，及时散墒、破除土壤板结 ④及时追肥，以改变植株的营养，恢复其生长 ⑤加强对玉米螟、叶斑病、纹枯病和茎腐病等病害的发生动态监测与防治
高温热害	 （引自王晓鸣等，2010）	高温减弱光合作用，呼吸消耗增强，干物质积累下降；加速生育进程，缩短生育期，穗分化时间缩短，雌穗小花分化数量减少，果穗变小。高温持续时间长，植株叶片将大量枯死。热害发生阶段，土壤水分不足或遇干热风，热害更重	①高温常发区注意适当降低种植密度；采用宽窄行种植，改善田间通风透光条件；苗期蹲苗进行抗旱锻炼，提高耐热性 ②科学施肥，健壮个体发育，减轻高温热害 ③适期喷灌水，改变农田小气候

三、穗期病害的识别与防治

见表4-2。

表4-2　玉米穗期主要病害及其防治

病害名称	症状描述与为害		防治措施
纹枯病	 	初期为近圆形或不规则水渍状病斑，后逐渐扩展，变为白色、淡黄色到红褐色云纹斑块，病斑从基部沿叶鞘向上蔓延	①田间排渍降湿 ②早期可剥除下部叶片以控制病菌的蔓延  ③用5%井冈霉素，或40%菌核净，或50%乙烯菌核利可湿性粉剂1 000～1 500倍液对茎基部叶鞘喷雾防治2～3次
大斑病	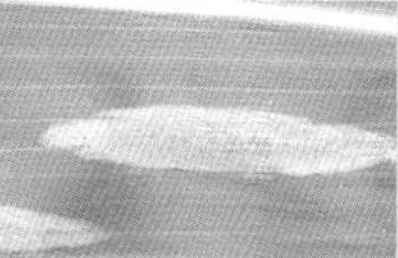	一般于下部叶片开始发生，叶片上产生椭圆形、黄色或青灰色点状斑，很快形成长梭形、中央灰褐色的病斑点，病斑大小为50～100毫米×5～10毫米，有些病斑可长达200毫米。病斑大小、形状与玉米抗病基因型有关	①在发病早期可采用10%苯醚甲环唑1000倍液，或25%丙环唑乳油2000倍液，或80%代森锰锌可湿性粉剂500倍液，或50%多菌灵可湿性粉剂500倍液喷雾 ②病株秸秆要焚烧，不喂猪、牛等牲畜，以免通过农家肥传播

（续）

病害名称	症状描述与为害	防治措施
小斑病	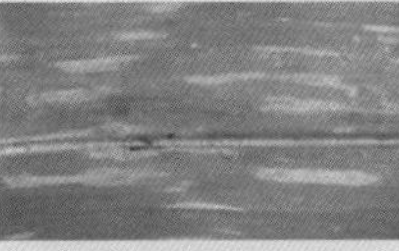 病斑主要发生在叶片上，有3种：一是长形斑，受叶脉限制；二是梭形斑，病斑不受叶脉限制，多为椭圆形；三是点状斑	①在发病早期可采用10%苯醚甲环唑1 000倍液，或25%丙环唑乳油2 000倍液，或80 %代森锰锌可湿性粉剂500倍液，或50%多菌灵可湿性粉剂500倍液喷雾
灰斑病	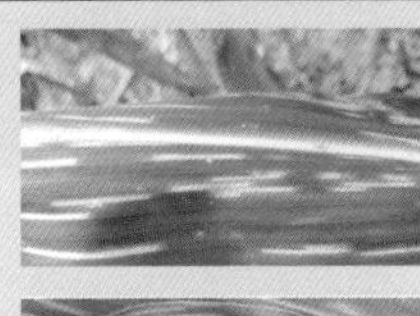 病斑沿叶脉方向扩展并受到叶脉限制，矩形，大小为3～15毫米×1～2毫米。田间湿度高时，在病斑两面产生灰色霉层 氮肥多有利于灰斑病的发生。扒底叶控制灰斑病向上发展	②病株秸秆要焚烧，不喂猪、牛等牲畜，以免通过农家肥传播
弯孢菌叶斑病	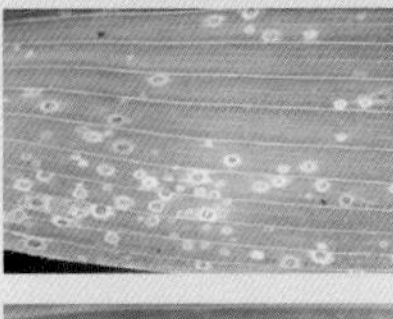 病斑一般从上部叶片向中下部蔓延。大小为2～5毫米×1～2毫米，最大的可达7毫米。病斑中心灰白色，边缘黄褐或红褐色，外围有淡黄色晕圈，并具黄褐相间的断续环纹，似“眼”状	
玉米圆斑病	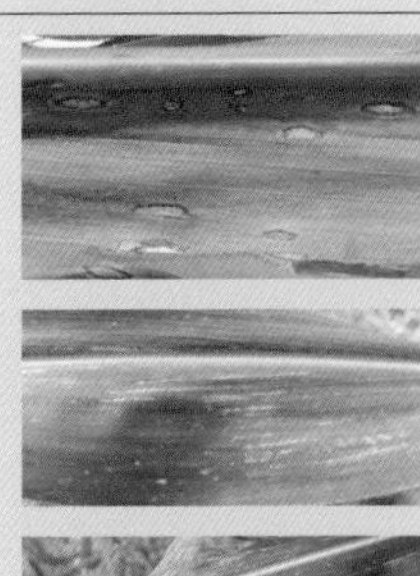  不同小种产生症状有很大区别，1号小种引起的病斑类型为圆形至卵圆形病斑，大小3～13毫米×3～5毫米，由3号小种引起的病斑为长条连线斑，大小为5～20毫米×1～5毫米	

（续）

病害名称	症状描述与为害	防治措施
顶腐病	 心叶从叶基部腐烂，包裹内部心叶，使其不能展开而呈鞭状，严重时心叶腐烂枯死，能用手拔出，植株不能正常抽雄。发病早而严重的植株，生长低矮、扭曲。苗期至成株期均可发病    （玉米产业技术体系衡水试验站 提供）	在发病初期可用50％多菌灵可湿性粉剂，或80％代森锰锌可湿性粉剂，或5％菌毒清水剂，或72％农用链霉素可溶性粉剂等杀菌药剂对心喷雾。扭曲心叶需用刀纵向剖开
细菌性茎腐病	 中下部叶鞘及茎节上出现水渍状腐烂，病组织软化，溢出菌液，有时散发出臭味，植株从病部倒折 	已发病株没有有效挽救措施 ①发病初期可喷洒5％菌毒清水剂600倍液，或农用硫酸链霉素4000倍液，有一定效果 ②及时拔除病株，携出田外集中深埋

四、穗期虫害的识别与防治

见表4-3。

表4-3　玉米穗期主要虫害及其防治

害虫名称	形态特征	为害状	防治措施
亚洲玉米螟	  幼虫背部黄白色至淡红褐色，背线明显，两侧有较模糊的暗褐色亚背线	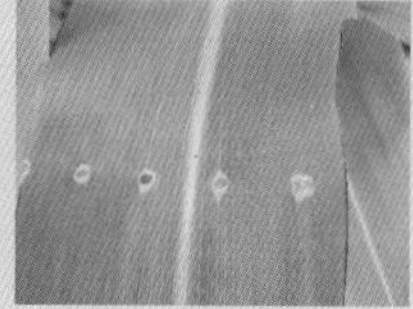 初孵幼虫群聚取食心叶叶肉，留下白色薄膜状表皮，呈花叶状；幼虫蛀食心叶，叶展开后，出现整齐的排孔	根据田间调查，当玉米螟卵寄生率60%以下时，可不施药而利用天敌控制危害。当益害虫比失调，花叶株率达10%时，可灌心或喷药 ①颗粒剂灌心：用3%广灭丹颗粒剂，或0.1%、0.15%氟氯氰颗粒剂，或14%毒死蜱颗粒剂，或3%丁硫克百威颗粒剂，或3%辛硫磷颗粒剂，或Bt制剂，或白僵菌制剂等撒入玉米喇叭口内 ②喷雾：于幼虫3龄前，叶面喷洒2.5%氯氟氰菊酯乳油2 000倍液，或5%高效氯氰菊酯乳油1 500倍液，或75%拉维因3 000倍液等药剂 ③在玉米螟、棉铃虫卵期，释放赤眼蜂2～3次，每亩释放1万～2万头 ④利用性诱剂或杀虫灯诱杀成虫
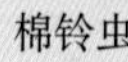 棉铃虫	  幼虫体色变化很大，从黄白色到黑褐色大致可分9种类型，以绿色及红褐色为主	 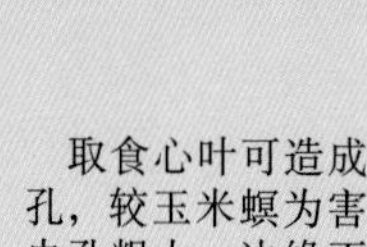 取食心叶可造成虫孔，较玉米螟为害的虫孔粗大，边缘不整齐，常见粒状粪便	 赤眼蜂防治玉米螟

（续）

害虫名称	形态特征	为害状	防治措施
斜纹夜蛾	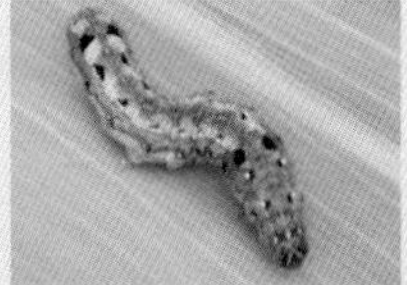 （李敦松　提供） 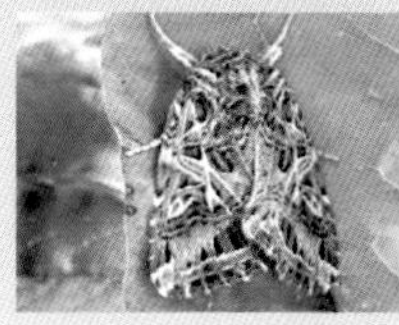 幼虫黄绿至墨绿或黑色，腹节有近似半月形或三角形黑斑1对	 初孵幼虫群集取食叶片成筛网状。2龄后散开，常将叶片吃光，仅留主脉	①用4.5%高效氯氰菊酯乳油1000～1500倍液，或50%辛硫磷乳油1000倍液，或48%毒死蜱乳油1000倍液，或3%啶虫脒乳油1 500～2 000倍液，或20%虫酰肼1000～1500倍液等杀虫剂喷雾防治 ②成虫发生期，利用糖醋液、杀虫灯、性诱剂等诱杀成虫，压低虫口基数
甜菜夜蛾	 体色变化很大，从绿色至黄褐色至黑褐色，背线有或无	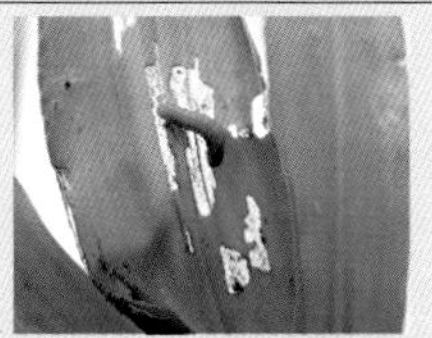 被害叶片呈孔洞或缺刻状，严重时叶片仅剩下叶脉	
黏虫	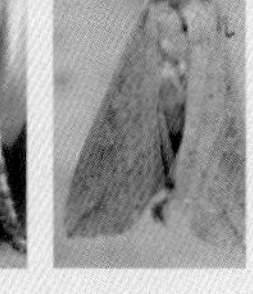 体色黄褐到墨绿色。头部红褐色，有棕黑色八字纹，头盖有网纹，背中线白色较细，两边为黑细线，亚背线红褐色	 为害叶片成缺刻状，或吃光心叶，形成无心苗；严重时能将幼苗地上部全部吃光，或将整株叶片吃掉只剩叶脉	

（续）

害虫名称	形态特征	为害状	防治措施
蚜虫	同花粒期		
铁甲虫	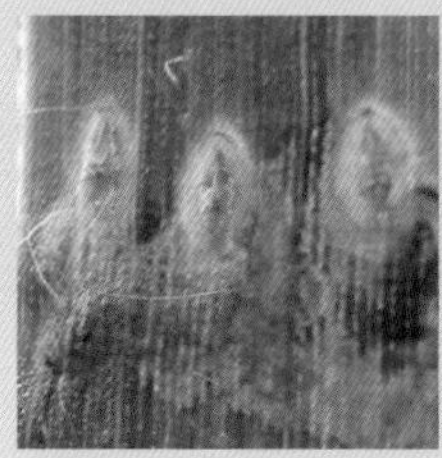  幼虫：老熟幼虫体长约7毫米，头黄褐色，体扁平。腹部2～9节两侧各生1个浅黄色瘤状突起 成虫：体长5毫米，胸部暗褐色，鞘翅黑色，前胸近后缘处有一长方形光滑隆起区，前缘两侧各有两条针，侧缘各有3条针，针基黄褐色，尖端蓝黑色，鞘翅上密生黑色的棘刺，均作有序排列	 成虫在叶面上顺着叶脉咬食叶肉，形成长短不一的白色线条；幼虫潜入叶表皮内取食叶肉，使叶片仅剩下两层白色透明的表皮，被害叶片呈许多白色斑块，俗称玉米“穿花衣”，每张叶片有幼虫十几至几十头，严重时全株叶片都成白色，影响玉米植株生长，局部田块甚至颗粒无收	①在发现幼虫为害后，及时割去有蛹和幼虫的残叶并烧毁，减少残虫量，控制次年虫源 ②在低龄幼虫期及时进行药剂防治，药剂可选25%杀虫双水剂，或2.5％氯氰菊酯乳油，或30%敌百虫乳油等按标签说明单用或混用喷雾

（续）

害虫名称	形态特征	为害状	防治措施
黄斑长跗萤叶甲	 黄斑长跗萤叶甲，别名棉四点叶甲、四斑萤叶甲、四斑长跗萤叶甲，每翅上各具浅色斑2个，位于基部和近端部。腹部腹面黄褐色，中后胸腹面黑色，体毛赭黄色	以成虫为害玉米叶片、花药、花丝和子粒。取食叶肉，仅留表皮，受害玉米叶片呈现大片透明白色网状斑。抽雄、吐丝后取食花药和花丝，影响授粉；还会啃食正处于灌浆阶段的子粒，造成秕粒或烂粒	选用10%吡虫啉1 000倍液，或用50%辛硫磷乳油1 500倍液喷雾，或用2.5%三氟氯氰菊酯乳油2 000倍液喷雾防治。最好在清晨或傍晚害虫不活跃时喷药
双斑萤叶甲	 成虫长卵形，每个鞘翅各有一近于圆形的淡色斑，周缘为黑色，鞘翅端半部黄色	 为害同黄斑长跗萤叶甲	
红蜘蛛	 有多种，体椭圆形，深红色或锈红色	 群聚叶背吸取汁液，使叶片呈枯黄色或灰白色细斑，严重时干枯	①用20%哒螨灵可湿性粉剂2 000倍液，或5%噻螨酮乳油2 000倍液，或1.8%阿维菌素乳油4 000倍液喷雾 ②高温干旱时，及时浇水，控制虫情发展

第五部分　花粒期管理

一、花粒期生长发育及管理要点

（一）生长发育特点

玉米花粒期是指从抽雄至成熟。进入花粒期，根、茎、叶等营养器官生长发育停止，继而转向以开花、授粉、受精和子粒灌浆为核心的生殖生长阶段，是产量形成的关键时期。子粒开始灌浆后根系和叶片开始逐渐衰亡。

（二）田间管理的主攻目标

保证授粉受精良好，防止茎秆早衰和倒伏，减少绿叶损伤，最大限度地保持绿叶面积，维持较高的群体光合生产能力，促进子粒灌浆，提高成熟度，争取粒多、粒饱，实现高产。

（三）生产管理技术

1.看苗追粒肥　粒肥是指玉米授粉前后所施用的追肥，可以延长灌浆时间、防止后期植株早衰，增大粒积，扩大库容量，保证子粒饱满，粒重增加，从而提高产量。粒肥主要适用于高产田和密度较高的地块以及后期易脱肥的地块，不是每个田块都需施用，应根据玉米长势、长相决定，如吐丝期叶色渐淡的可追施。粒肥施用过多会造成植株贪青晚熟，降低肥料利用率。粒肥以速效氮肥为宜，施肥量不宜过多。一般每亩可追尿素5千克，窝施植株根旁，或用磷酸二氢钾200～500克加尿素500克对水50千克，叶面喷施1～2次。

2.加强水分管理　在玉米抽雄至吐丝期间，低温、阴雨、寡照、干旱以及极端高温等不利天气条件常会导致雌雄发育不协调，影响正常的授粉、受精，减少穗粒数，最终导致减产，人工辅助授粉可提高玉米的结实率和产量。一般在开花吐丝的晴天上午9～11时，先用采粉盘收集50～100株花粉混合后，用授粉器逐株均匀的授在雌穗花丝上，隔天授粉1次，连续进行2～4次。

3. 灌溉与排水　玉米抽雄到蜡熟的需水量约占总需水量的45%左右，特别是抽穗开花期耗水强度大、对水分敏感，是玉米一生当中的水分"临界期"。干旱发生的时间距离吐丝期越近，减产幅度也越大。土壤水分保持在田间持水量的70%～80%，空气相对湿度为65%～90%，有利于开花受精。天气干旱，空气相对湿度低于30%，会严重影响开花受精，应及时灌溉。另外，玉米灌浆期处于西南地区雨季，降雨过多，土壤水分长时间超过田间持水量的80%以上，或田间渍水，会使根的活力迅速下降，叶片变黄，也易引起倒伏，应注意做好排水。

（四）病虫害防治

花粒期是植株生殖生长旺盛和子粒产量形成的关键时期，玉米植株根系吸收的营养及叶片光合作用的产物甚至植株本身的营养成分都向果穗输送，植株的抗性降低，易受到病虫害的侵袭。该段时期是各种叶斑病加重为害的时期，丝黑穗病、茎腐病、病毒病以及疯顶病等多种病害在这个时期显症，也是果穗害虫为害的高峰期。此时，田间玉米植株高大郁密，加之夏季的酷热高温，田间操作困难，用药成本高。所以，针对该时期玉米发生的病虫害应提前预防，首先要利用抗病品种，然后要通过种子处理防治种传和土传的病害，对气流传播的叶斑病在发病初期及时防治，对虫传病毒病需及时防虫。

二、花粒期生长异常

见表5-1。

表5-1　玉米花粒期生长异常及其防治

类　型	典型症状与为害	原　因	技术措施
雌雄穗花期不遇	 玉米雌穗抽丝期与雄穗散粉期不一致，即雌雄花期不遇，从而影响授粉和结实，造成空秆和结实率下降	①品种遗传特性 ②对干旱、高温、阴雨寡照等不良环境条件反应敏感，导致玉米雌雄穗花期间隔延长	①选用雌雄发育协调，对环境反应不敏感的品种 ②注意肥水供应，防止干旱、涝淹及脱肥 ③若雄穗早出，可将果穗苞叶剪掉1厘米左右；若吐丝偏早，可剪短花丝，使花期相遇 ④人工辅助授粉，提高结实率
空秆	 无穗或有穗无粒（果穗结实在20粒以下）	品种不适合当地生态条件；密度偏大、施肥量不足造成玉米雌雄穗营养不良；抽雄授粉期前后高温干旱，不能正常授粉受精；抽雄散粉时期连绵阴雨影响授粉；营养失调；种子纯度低、田间管理、病虫草为害等造成的田间整齐度差或缺苗后补种、补栽造成的小弱苗	①选用良种和高纯度的种子，合理密植 ②提高播种质量、选留壮苗匀苗，提高群体生长整齐度 ③保障大喇叭口期至子粒建成期水肥供给 ④及时防治病虫草害

（续）

类　型	典型症状与为害		原　因	技术措施
秃尖	 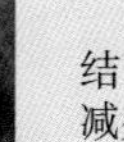 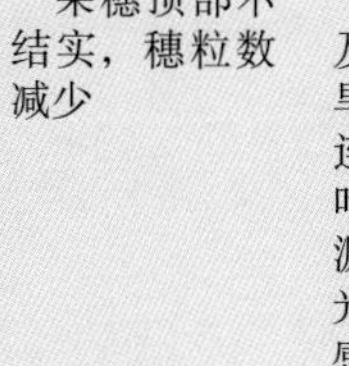	果穗顶部不结实，穗粒数减少	授粉、子粒形成及灌浆阶段遇干旱、高温或低温、连续阴雨、缺氮、叶部病害等。库大源小类品种、或对光、温、水反应敏感的品种；土地瘠薄，水分供应不足，后期脱肥；种植过密情况下更容易发生	选用抗/耐病虫、适应性强、结实性好的品种；合理密植；遇不良条件，人工辅助授粉；科学肥水管理；保证大喇叭口期至灌浆期水肥供给；及时防治病虫草害；防止杀虫剂和除草剂药害
子粒不饱满	 （引自 *Corn Field Guide*）	粒瘪、皱缩、穗轻	玉米早衰或干旱、叶部病害、严重缺钾、乳熟至蜡熟期遭受冰雹、霜冻为害等，造成营养不足、灌浆不好	
缺籽	 	果穗一侧自基部到顶部整行没有子粒，穗形多向缺粒一侧弯曲（形似香蕉）；或果穗结很少子粒，在果穗上呈散乱分布；或果穗顶部子粒细小，呈白色或黄白色，形成秃尖	品种遗传因素；孕穗期、授粉、子粒形成及灌浆期遇高（≥35℃）、低（≤15℃）温、干旱、阴雨、寡照及缺氮、缺磷；除草剂为害；虫食；种植密度偏大；叶部病害和蚜虫为害及叶片脱落等造成花期不遇、授粉不良或子粒败育	
果穗不完整	 a　b　c （引自 *Corn Field Guide*）	a.穗长正常，穗中、上部子粒行数减少 b.穗行数正常，行粒数减少，穗短粗 c.穗行数、行粒数都减少，发生果穗部位取决于干旱等逆境发生的时期	a.7～10叶展受严重逆境胁迫，或ALS（乙酰乳酸合成酶）类除草剂药害 b.8～12叶展受温度等逆境胁迫（如短时低温） c.营养生长中期至乳熟期严重干旱及种植密度偏大、缺氮等	

（续）

类　型	典型症状与为害		原　因	技术措施
果穗畸形	 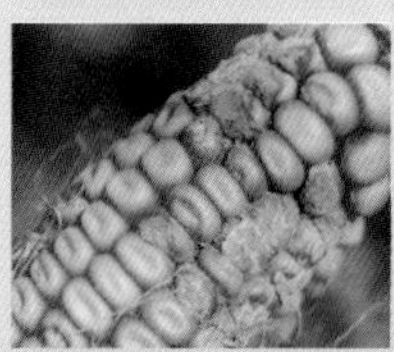	果穗呈脚掌状、哑铃状等畸形	哑铃状果穗可能与果穗中部的花丝因某些不明原因造成不能受精有关。脚掌状等其他果穗发生畸形的原因不详	为偶发现象，不需预防
子粒发霉		果穗上出现发霉子粒。不同穗腐病菌造成的霉变子粒颜色不同，有粉白色、砖红色、墨绿色、黄色、黑色、灰色等	穗腐病的发生与气候条件密切相关。灌浆成熟阶段如遇连续阴雨天气易发生。果穗被害虫咬食后穗腐病发生更重	防治穗腐病及玉米螟
穗发芽		灌浆成熟阶段遇阴雨或在潮湿条件下，种子在母体果穗或花序上发芽的现象，玉米制种田较常见。倒伏玉米易发生穗发芽	休眠期短的品种；收获后晾晒不及时	①选用休眠期长的品种 ②适时收获、及时晾晒，也可进行人工干燥 ③药剂防治。PP333具有抑制内源GA合成，防止穗发芽的作用

（续）

<table>
<tr><th>类　型</th><th>典型症状与为害</th><th>原　因</th><th>技术措施</th></tr>
<tr><td>多　穗</td><td>
一株结2个以上雌穗
</td><td>第一果穗发育受阻或授粉、受精不良；品种特性；碳、氮代谢不协调，种植密度过大、过小；苗期生长受阻，抽雄开花期肥水过多、生长过旺等因素，引起多个节上发育成熟的雌性花序，导致多穗</td><td rowspan="3">①选择适宜的优良品种。不宜选用易产生多穗的自交系作育种材料
②加强水肥管理，保证雌、雄穗均衡发育
③适时播种，合理密植
④加强田间管理，发现多穗及时掰掉，避免消耗养分
⑤甜玉米果穗多，可在抽丝期人工疏果2 ~ 3次，剔除小果穗，每株留1穗，使单个玉米果穗子粒生长饱满，果穗大小一致，提高产量和商品性。摘取的下部穗可做玉米笋</td></tr>
<tr><td>香蕉穗</td><td>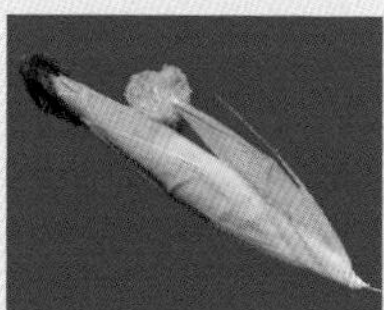
主果穗苞叶叶芽发育，形成如香蕉的多个无效穗</td><td rowspan="2">主果穗发育受阻或授粉、受精不良。与品种基因型及环境条件诱发有关，具体原因不详</td></tr>
<tr><td>二级果穗</td><td>
主果穗苞叶叶芽发育形成</td></tr>
</table>

（续）

类　型		典型症状与为害	原　因	技术措施
顶生雌穗	 	多为分蘖顶端雄穗形成的果穗	当植株生长点受到冰雹、涝害、除草剂及机械等损伤后，发生分蘖，易产生顶生雌穗 一些品种在早期土壤紧实或水分饱和情况下易发生	属偶发现象，不需要预防
雄穗结实	 	顶端雄穗上结实形成子粒	返祖现象	

三、花粒期自然灾害

见表5–2。

表5–2 玉米花粒期主要自然灾害及对策

类型	典型症状与为害	处理措施
干旱	（潘光堂 提供） 抽雄吐丝期干旱影响授粉、造成秃尖或空秆；子粒灌浆阶段干旱使植株黄叶数增加，穗粒数减少，上部子粒瘪粒，穗粒重下降 	①灌好抽雄灌浆水 ②干旱发生后，采取一切措施、实施有效灌溉 ③叶面喷施含腐殖酸类的抗旱剂或磷酸二氢钾 ④辅助授粉 ⑤注意防治红蜘蛛、叶蝉、蚜虫等干旱条件下易发生的虫害 ⑥对干旱绝产地块及时青贮；割黄腾地，发展保护地栽培或种植蔬菜等短季作物
冰雹	 直接砸伤玉米植株，砸断茎秆，叶片破碎，冻伤植株；茎叶创伤后感染病害。砸至正灌浆的果穗，可导致子粒与穗轴破损而霉变。成株遭雹灾，叶片被打成丝状，但一般不会坏死，仍能保持一定的光合能力，受害略轻	①做好雹灾预报，完善高炮、火箭等防雹设施，及时预防 ②雹灾后应及时中耕松土，增加土壤透气性，提高地温，促进根系发育 ③若穗节70%以上植株被砸断，可毁种其他作物

（续）

类型	典型症状与为害		处理措施
风灾倒伏	  	花粒期风灾倒伏后，光合作用下降，营养物质运输受阻，植株层叠铺倒，下层植株果穗灌浆进度缓慢，果穗霉变率增加，加上病虫鼠害，产量大幅度下降 倒折是植株茎秆在强风作用下发生折断，折断的上部组织由于无法获得水分而很快干枯死亡	①及时培土扶正植株，可多株捆扎，使植株相互支撑，以免倒压、堆沤，减少产量损失 ②加强管理，促进生长；防治病虫鼠害，及时收获 ③对于乳熟中期以前茎折严重的地块，可将植株割除作青饲料；乳熟后期倒伏，可将果穗作为鲜食玉米销售，秸秆作为青贮饲料；蜡熟期倒伏，注意防治病虫鼠害，待机收获；进入成熟期的倒伏玉米应及时收获，减少因穗粒霉烂造成品质下降
阴雨寡照	  	寡照降低光合速率，影响玉米物质生产，延迟抽雄和吐丝日期；不利于雄穗散粉、雌穗授粉和子粒灌浆。阴雨寡照使得田间温度低、湿度大，加之玉米生长弱，适宜于小斑病、茎腐病、锈病和穗粒腐等多种病害发生和蔓延	①阴雨寡照常发生地区应注意选用良种、合理密植；及时中耕、施肥，消灭杂草，健壮植株；喷施玉米生长调节剂，防倒、防衰 ②人工辅助授粉 ③综合防治病害 ④适时收获，避免后期多雨造成子粒霉烂

（续）

类型	典型症状与为害		处理措施
涝渍	   （引自王晓鸣等，2010）	花粒期涝渍抑制根系生长和吸收，叶色褪绿、光合能力降低，穗粒数、千粒重下降；茎腐病、纹枯病、小斑病等发病加重	①排水降渍，中耕松土，及时根外追肥 ②抽雄授粉阶段若遇长期阴雨天气可人工辅助授粉 ③加强病虫害防治，消灭田间杂草 ④及时扶正倒伏植株，壅根培土
高温热害 	  （王璞　提供）	高温造成花粉活力降低、吐丝困难、雌雄不协调、授粉结实不良，缺粒、秃尖增长；子粒灌浆速率加快，但灌浆持续期缩短，千粒重下降，最终产量降低；生育后期高温加速植株衰亡	①调整播期，使开花授粉期避开干旱高温季节 ②人工辅助授粉，提高结实率 ③适期喷灌水，改变农田小气候环境

（续）

类型	典型症状与为害		处理措施
低温冷害		西南高海拔地区8月份常发生持续低温，并且秋季降温快，影响玉米生长；一些年份早霜来得早，造成玉米低温冷害。因此，延滞型、障碍型冷害发生频繁 灌浆期低温，使植株干物质积累速率减缓，灌浆速度下降，延迟成熟，造成减产。另外可导致病虫害等次生为害的发生	①选用耐冷型早熟品种 ②适期早播 ③采用地膜覆盖和育苗移栽
霜冻		秋季高海拔地区及晚收玉米易遭遇霜冻 冬玉米开花授粉期间也常遇低温冻害	①调节播期，将开花授粉期避开低温时期 ②低温来临前，灌1次水，防止了霜冻，增加植株抗寒能力 ③在确定霜冻来临前1天，将待收玉米植株割倒堆放，可避免叶片冻死，提高粒重

四、花粒期病害的识别与防治

见表5-3。

表5-3　玉米花粒期主要病害及其防治

病害名称	症状描述	防治技术
纹枯病	病斑从基部沿叶鞘向上蔓延，上升到穗部苞叶可引起果穗腐烂  	同穗期

（续）

病害名称	症状描述	防治技术
玉米丝黑穗病	     黑穗型：受害果穗较短，基部粗顶端尖，不吐花丝，除苞叶外整个果穗变成黑粉包，其内混有丝状寄主维管束组织 畸形变态型：雄穗花器变形，不形成雄蕊，颖片呈多叶状；雌穗颖片也可过度生长成管状长刺，呈“刺猬头”状，长刺的基部略粗，顶端稍细，中央空松，长短不一，由穗基部向上丛生，整个果穗畸形。成株期只在果穗和雄穗上表现典型症状	①用2%戊唑醇拌种剂按种子重量的0.2%拌种 ②精细整地，适当浅播，足墒下种，促进快出苗、出壮苗，提高植株的抗病能力 ③采用地膜覆盖提高地温，保持土壤水分，使玉米出苗和生育进程加快，从而减少发病机会 ④及时清除病穗，减少菌源

（续）

病害名称	症状描述	防治技术
大斑病	 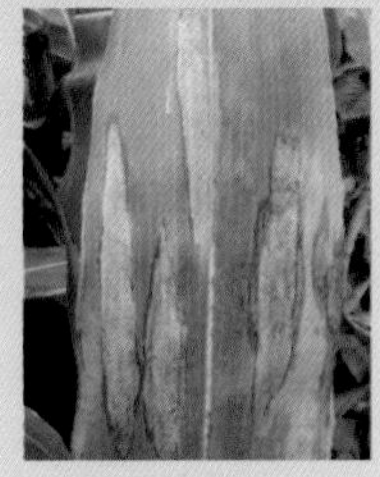 发病高峰期，严重时病斑连片，造成整株枯死 	同穗期
小斑病	 发病高峰期，症状描述见穗期	
灰斑病	  发病严重时病斑连片导致叶片枯死	
玉米圆斑病	  除侵染叶片外，可侵染果穗，引起果穗腐烂	
弯孢菌叶斑病	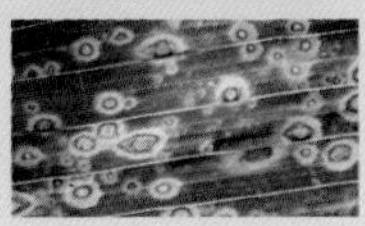 发病高峰期，症状描述见穗期	

（续）

病害名称	症状描述		防治技术
普通锈病	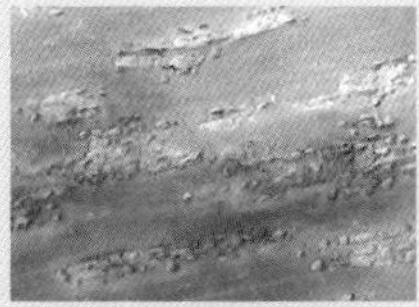 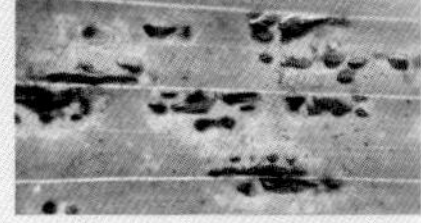	发病初期，在叶片上散生浅褐色小斑点病斑逐渐隆起，常产生长条状、圆形病斑。后期叶片表皮破裂后，散出黄褐色的粉末	早期可用15%粉锈宁可湿性粉剂1 000倍液，或10%苯醚甲环唑1 000倍液，或25%丙环唑乳油2 000倍液，或12.5%烯唑醇可湿性粉剂1 000倍液喷雾
南方锈病	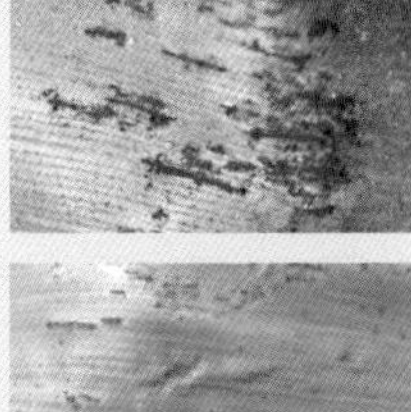	 叶片上散生黄色小斑点，病斑逐渐隆起，形成孢子堆，呈圆形或椭圆形，分散，表皮破裂后，散出大量橘黄色至红褐色的孢子	
茎腐病（青枯）	 	一般在乳熟后期开始表现症状，茎基部发黄变褐，内部空松，手可捏动，根系水浸状或红褐色腐烂，果穗下垂。分为青枯和黄枯型：青枯型为整株叶片突然失水干枯，呈青灰色；黄枯型为病株叶片从下部开始逐渐变黄枯死	发病后没有有效方法挽救，播种时用生物型种衣剂ZSB，或满适金、卫福等包衣，可降低部分发病率 播种时，每亩施1.5 ～ 2.0千克硫酸锌作种肥，可有效预防茎腐病的发生。 施穗肥时增施钾肥也可降低发病率，并增加植株的抗倒性

（续）

病害名称	症状描述		防治技术
穗（粒）腐病	 	部分子粒、果穗顶端以至整穗腐烂。患病子粒表面有灰白色、粉红色、红色、绿色、紫色霉层；常伴有青灰色、黑色、黄绿色或黄褐色霉层发生。严重时，果穗松软，穗轴或整穗腐烂	无有效挽救措施。 ①栽培抗病品种 ②防治穗期害虫 ③果穗成熟后尽早收获。收获后及时剥苞叶，去除霉烂果穗、子粒，晾晒干燥、脱粒 ④发霉子粒中含有毒素，不可作饲料
瘤黑粉病		在玉米植株的任何地上部位都可产生形状各异、大小不一的瘤状物，病瘤呈球形、棒形，大小及形状差异较大。主要着生在茎秆和雌穗上。在叶片、叶鞘、雄花等幼嫩组织均可被害 	应及早将病瘤摘除，并带出田间销毁。来年种植抗病品种
疯顶病	 	雌雄穗畸形：雄穗全部或者部分花序发育成变态叶，簇生，使整个雄穗呈刺头状，故称疯顶病；雌穗分化为多个小穗，呈丛生状，小穗内部全部为苞叶，无花丝，无子粒 	无有效挽救措施，重病田与棉花或豆类等轮作 ①常发地块用35％瑞毒霉按种子量的0.3％，或25％甲霜灵可湿性粉剂按种子重量的0.4％拌种有一定效果 ②苗期防止田间积水

五、花粒期虫害的识别与防治

见表5-4。

表5-4 玉米花粒期主要虫害及其防治

害虫名称	形态特征	为害状	防治技术
玉米螟	  背部黄白色至淡红褐色，背线明显，两侧有较模糊的暗褐色亚背线	   为害果穗和茎秆，蛀孔口常堆有大量粪屑，茎秆易从蛀孔处折断	①玉米大喇叭口期在心叶内撒施颗粒剂提前预防，颗粒剂配制和使用方法见穗期玉米螟防治 ②在玉米螟卵期，释放赤眼蜂2～3次，每亩释放1万～2万头，可减轻为害
棉铃虫	 幼虫体色变化很大，从黄白色到黑褐色大致可分9种类型，以绿色及红褐色为主	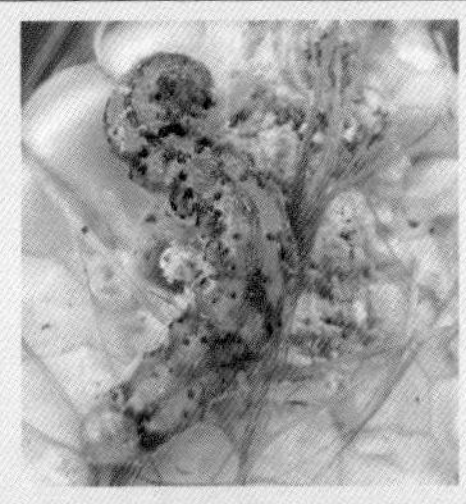 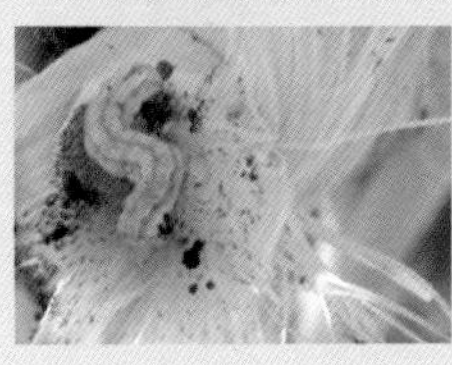 为害果穗除造成直接产量损失外，还可加重穗腐病发生	在卵期人工释放赤眼蜂或者中红侧沟茧蜂

（续）

害虫名称	形态特征	为害状	防治技术
桃蛀螟	 背部体色多变，浅灰到暗红色，腹面多为淡绿色。各节有粗大的褐色瘤点	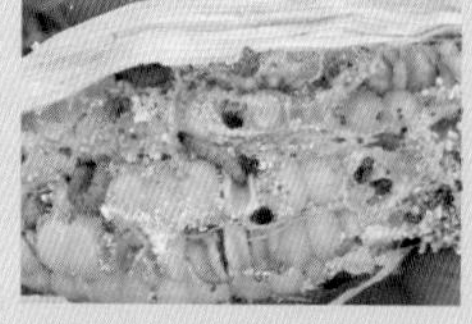 主要蛀食玉米雌穗，也可蛀茎，常倒折，蛀孔口堆积颗粒状的粪屑	用频振式杀虫灯、黑光灯、糖醋液、性诱剂诱杀成虫，减低田间落卵量。大喇叭口期在心叶内撒施颗粒剂预防，颗粒剂配制和使用方法见穗期玉米螟防治
高粱条螟	  幼虫体背有紫褐色纵线4 条，腹部纯白色。有夏、冬两型，夏型腹部各节背面具4 个黑褐色斑点；冬型幼虫黑褐斑点消失	 被害部常有多头幼虫蛀食，蛀孔上部茎叶常呈紫红色，遇风易折，为害穗轴常造成果穗腐烂	
双斑萤叶甲	 长卵形，棕黄色有光泽，每个鞘翅各有1个近于圆形的淡色斑，周缘为黑色	  取食花丝、花粉，影响授粉；为害幼嫩的子粒，将其啃食成缺刻或孔洞状，同时破损的子粒易被其他病原菌侵染，引起穗腐	同穗期

（续）

害虫名称	形态特征	为害状	防治技术
金龟子	  小青花金龟（左：雌；右：雄）  有多种，常见的有2种：①白星花金龟。具古铜或青铜色光泽，体表散布众多不规则白绒斑，多为横向波浪形 ②小青花金龟。背面暗绿或绿色至古铜微红及黑褐色；体表密布淡黄色毛和刻点	   成虫多群聚于玉米雌穗上取食花丝和幼嫩子粒，苞叶上常见白色玉米浆汁，也为害雄穗或嫩茎	①用75%辛硫磷乳剂1 000倍液，或48%毒死蜱500～1 000倍液，或10%吡虫啉可湿性粉剂1 500倍液喷雾 ②用糖醋液、腐烂的西瓜皮等诱杀

（续）

害虫名称	形态特征	为害状	防治技术
玉米蚜	  无翅孤雌蚜深绿色；有翅孤雌蚜头、胸黑色发亮，腹部黄红色至深绿色	 果穗以上所有叶片、叶鞘及果穗苞叶内、外遍布蚜虫，还分泌大量蜜露，使叶面形成一层黑霉，称“黑株”。后期偏施氮肥玉米田发生重。发生在雄穗上常影响授粉	用25 % 噻虫嗪水分散粉剂6 000 倍液，或40 % 乐果乳油，或10%吡虫啉可湿性粉剂1 000 倍液，或50 % 抗蚜威可湿性粉剂2 000 倍液等喷雾
红蜘蛛	同穗期		
绿蝽	  成虫体长12 ~ 16 毫米，宽6.0 ~ 8.5 毫米，长椭圆形，绿色	  以成虫和若虫刺吸玉米叶片和雌穗为害，可造成雌穗弯曲	喷施杀虫剂进行防治，如50%辛硫磷可湿性粉剂1 500倍液，或10%吡虫啉可湿性粉剂2 000倍液

（续）

害虫名称	形态特征	为害状	防治技术
灯蛾	 	 	在幼虫3龄前，用5% S－氰戊菊酯乳油，或25％高效氯氟氰菊酯乳油，或2.5％氯氰菊酯乳油2 000 ～ 3 000倍液，或用48％毒死蜱乳油1 000倍液喷雾。选择早晨或傍晚害虫活动猖獗时用药
	有多种，常见的为黄腹灯蛾和红缘灯蛾： ①黄腹灯蛾。土黄色至深褐色，背线橙黄色或灰褐色，密生棕黄色至黑褐色长毛，气门白色，头黑色，腹足土黄色 ②红缘灯蛾。体色深褐或黑色，密披红褐色或黑色长毛，气门红色，头黄褐色，腹足红色	幼虫取食叶片为主，也取食花丝和子粒	
刺蛾			
	有多种，常见为黄刺蛾。幼虫头黄褐色，体黄绿色，体背有1个哑铃形褐色大斑，各节背侧有1对枝刺	低龄幼虫群集啃食玉米叶片下表皮及叶肉，仅存上表皮，形成透明斑。3龄后分散，取食全叶，仅留叶脉	

六、防早衰与促早熟管理

1. 防早衰技术 早衰指玉米在灌浆乳熟阶段，植株叶片枯萎黄化、果穗苞叶松散下垂、茎秆基部变软易折、千粒重降低造成的减产现象，农民称之为“返秆”。一般多发生在壤土、沙壤土、种植密度较大和后期脱肥的田块，有些是镰孢菌茎腐病的黄枯类型。玉米发生早衰后，茎秆变软易折，根系和果穗下部叶片枯萎，上部叶片呈黄绿色，有时呈水渍状，全株叶片自下而上逐渐枯死。防止早衰技术包括：

①使用抗早衰品种，确定适宜密度，改善群体光照、水分及营养条件。

②科学合理施肥，生育后期用肥，特别是保证钾肥用量，使植株有充足的营养，增强光合作用，防止早衰。

③及时灌溉及排水，使根系处于良好生长环境。

④隔行去雄，及时掰除无效穗，防止不必要的养分消耗，使主穗正常生长发育。

⑤及时防治病虫害。

2. 促早熟管理技术 由于播种过晚、苗期发育延迟、C/N比值过小、营养失调等原因影响玉米生长发育周期，营养生长过旺，生殖生长延迟的现象被称作贪青晚熟。贪青晚熟的玉米成熟延迟，植株病虫害和倒伏严重发生，产量降低。另外，盲目引种，使用晚熟品种，也会造成玉米不能正常成熟，在非正常年份减产甚至绝产，品质下降。管理技术包括：

①选生育期适宜的品种及相适应的种植技术。

②适时播种，播种时间不迟于推荐的最晚播期。

③及时定苗，促进早期发育。

④增施钾肥，中后期喷施磷酸二氢钾。

⑤去除空秆和小株。

⑥打掉底叶，带秆采收，促进后熟。

⑦灌浆结束后，于蜡熟期将果穗苞叶剥开，站秆扒皮晾晒促进子粒成熟。

第六部分　收　　获

一、成熟标志与适期收获

玉米子粒生理成熟的标志主要有2个：一是子粒基部剥离层组织变黑，黑层出现；二是子粒乳线消失。

玉米授粉后30天左右，子粒顶部的胚乳组织开始硬化，与下部多汁胚乳部分形成一横向界面层即乳线。随着淀粉沉积量增加，乳线逐渐向下推移。授粉后60天左右，果穗下部子粒乳线消失，子粒含水量降到30%以下，果穗苞叶变白并且包裹程度松散，此时粒重最大，产量最高，是最佳的收获时期（图6–1）。

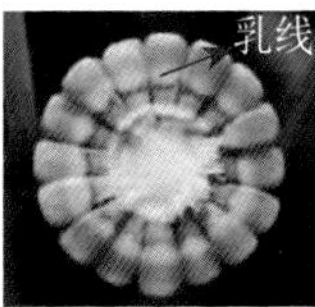

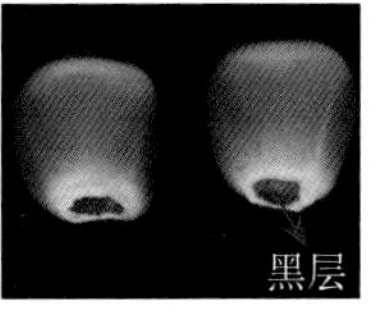

图6–1　玉米子粒胚乳乳线与黑层
（右图由王璞　提供）

有些地方有早收的习惯，常在果穗苞叶刚发黄时收获，此时玉米正处于蜡熟期，千粒重仅为完熟期的90%左右，一般减产约10%。自蜡熟开始至完熟期，每晚收1天，千粒重增加1～5克，亩增加产量5～10千克。因此，适时收获是一项简便易行、行之有效的增产增效技术措施（表6–1）。

表6–1　不同收获期玉米子粒乳线高度与粒重水平

	授粉后灌浆时间（天）					
	30	40	45	50	55	60
乳线高度	4/5	3/5	1/3	1/5	1/10	无
相对生理成熟期粒重比例（%）	50	65	80	90	95	100

西南多熟种植地块，玉米及时收获，有利于甘薯和大豆等套

作作物的生长；此外，西南地区秋季降雨较多，收获过晚，如遇连绵阴雨天气，果穗易发霉。收获果穗待晾晒干后再进行脱粒，有利于子粒后熟（图6–2）。

图6–2　小型玉米脱粒机

二、机械收获

玉米机械化收获技术是在玉米成熟时，用机械来完成对玉米的茎秆切割、摘穗、剥皮（部分收获机带剥皮功能）、集箱、秸秆处理等生产环节的作业技术。玉米联合机械收获适应于地块较大、地势较平坦的平坝地区和缓坡耕地以及等行距、行距偏差±5厘米以内、最低结穗高度35厘米、倒伏程度<5%、果穗下垂率<15%的地块作业。我国玉米收获机主要机型有自走式和背负式，两种机型只是动力来源形式不同，工作原理相同。自走式玉米联合收获机自带动力，背负式需要与拖拉机配套使用。西南玉米区多数地区可采用1～2行背负式玉米收获机进行摘穗作业。需要回收秸秆再利用的地块，可以选用穗茎兼收型玉米收获机。青贮玉米可采用青贮式收获机。

1.收获时期　按照玉米成熟标准，确定收获时期。适期收获玉米是增加粒重，减少损失，提高产量和品质的重要生产环节。美国玉米一般在完熟后2～4周或更晚直接机械脱粒收获，收获时子粒含水量常下降到15%～18%。西南地区秋雨较多，影响果穗子粒站秆晾晒，大多数区域适合发展摘穗收获机械。

2. 质量要求 玉米果穗收获时，要求子粒损失率≤2%、果穗损失率≤3%、子粒破碎率≤1%、苞叶剥净率≥85%、果穗含杂率≤3%；茎秆切碎长度（带秸秆还田作业的机型）≤10厘米、还田茎秆切碎合格率≥90%。玉米脱粒联合收获时，要求玉米子粒含水率≤25%。

图6–3 小型收获机

我国西南许多地区收获时玉米子粒含水率偏高(大于30%)，因此，在没有烘干条件时，使用玉米收获机作业只可完成摘穗（剥叶）、集箱和秸秆粉碎还田等作业，不直接脱粒。如想直接完成脱粒作业，需选择早熟品种或推迟收获期，让玉米在田间脱水到含水量25%以下（图6–3，图6–4）。

一般完熟期玉米子粒含水量大约在30%左右，以后每天约下降0.3～0.8个百分点。其中，潮湿、冷凉天气每天降水不足0.3%，高温、干燥天气可降水1%。一般早熟品种、早播玉米脱水快；苞叶薄、少、松、果穗下垂、种皮薄、渗透性好的品种脱水快。

背负式	自走式	互换割台式	茎穗兼收型

图6–4 国内外几种不同类型的玉米收获机

（张东兴 提供）

三、青贮收获

青贮玉米是指以新鲜茎叶（包括穗）生产青饲料或青贮饲料

的玉米品种或类型。根据用途又分为专用、通用和兼用三种类型。青贮专用型指只适合作青贮的玉米品种；青贮兼用型指先收获玉米果穗，再收获青绿的茎叶用作青贮；青贮通用型是既可作普通玉米品种在成熟期收获子粒，也可用于收获包括果穗的全株用作青饲料或青贮饲料。

遵循产量和质量均达到最佳的原则，用于青贮的玉米最佳收获时期为乳熟末期至蜡熟初期，乳线高度在1/3 ~ 2/3，秸秆含水量60% ~ 70%（窖贮60% ~ 65%，罐贮或袋贮65% ~ 75%）。收割期提前，鲜重产量不高，而且不利于青贮发酵。过迟收割，黄叶比例增加，含水量降低，也不利于青贮发酵。青贮兼用型玉米在收获玉米果穗后应尽早收获青绿的茎叶用作青贮。

图6–5　收获青贮玉米

青贮玉米收割部位应在茎基部距地面3 ~ 5厘米以上，因为茎基部比较坚硬，青贮发酵后适口性较差，牲畜不爱吃，在切碎时还容易损坏刀具；另外，提高收割部位可以减少杂质杂菌等带入窖内而影响青贮发酵的质量。大面积种植青贮玉米最好采用青贮收割机。玉米青贮机械收获要求，秸秆含水量≥65%，秸秆切碎长度≤3 厘米，切碎合格率≥90%，割茬高度≤15 厘米，收割损失率≤5%（图6–5）。

四、鲜食玉米收获

图6–6　甜玉米收获与运输

从雌穗吐丝开始，一般甜玉米≥10℃有效积温300 ~ 330℃、子粒含水量70% ~ 75%，糯玉米有效积温310 ~ 340℃、子粒含水量45% ~ 50%时，为适时采收期。田间标准为穗须变黑、穗粒饱满未出现凹陷时，一般普通甜玉米在授粉后18 ~ 22天、超甜甜玉米在授粉后20 ~ 25天、加强甜玉米在授粉后18 ~ 28天、糯玉米在授粉后20 ~ 28天，但收获期随灌浆期的气温而发生变化。气温低，灌浆期延长，气温高，灌浆期缩短。

鲜穗采收后及时上市供应，尽量缩短贮运时间，确保食用品质。收时留5 ~ 6厘米茎秆，保留苞叶，有保鲜作用。清晨收获后，注意遮阴，网袋装穗后装箱，直接运输或上市（图6–6）。

五、整地作业

合理耕作可疏松土壤，恢复土壤的团粒结构，达到蓄水保墒、熟化土壤、改善营养条件、提高土壤肥力、消灭杂草及减轻病虫害的作用，为种子发芽提供一个良好的苗床，为玉米生长发育创造良好的耕层。土地准备包括深松、灭茬、旋耕、翻地、耙地、施基肥等耕整地作业。西南玉米产区丘陵山地一般采用小型微耕机具，在平坝地区和缓坡耕地采用中小型耕整地机具进行旋耕作业，在红壤土和黄壤土等适宜区亦可实施深松作业。有条件的地区可发展多功能联合作业机具。应大力提倡和推广保护性耕作技术，建议每隔2 ~ 4年进行一次深松作业，深松深度一般为35厘米（图6–7）。

图6–7 适合西南山区的小型翻耕机械

（一）秸秆还田

西南地区玉米秸秆主要用于饲料和燃料，部分直接还田。还田方式主要有间接还田（养畜过腹还田、沤肥还田）和直接还田（翻耕还田，覆盖还田），秸秆田间焚烧在一些地区还较普遍（图6–8）。

图6–8 玉米秸秆焚烧

随着机械化收获和秸秆粉碎机械作业的推广，未来玉米秸秆直接还田的面积将逐步扩大。由于田间存在大量玉米秸秆，若处理不当，不仅影响整地、播种，造成田间出苗不齐，缺苗断垄现象严重，还会因秸秆还田后土壤碳氮比失调、秸秆上携带病菌和虫卵等，为害下茬作物生长（图6–9）。

图6–9 玉米秸秆还田方式

1. 适时收获玉米，提高秸秆粉碎质量 秸秆粉碎要细碎均匀，秸秆长度不大于10厘米，秸秆留茬高度低于10厘米，田间尽量不留长秸秆，确保粉碎后的秸秆均匀铺在田间。

2. 补充氮肥 在正常施肥情况下，秸秆还田的地可按还田干秸秆量的0.5%～1%增施氮肥，调节C/N。一般每亩增施尿素7.5千克，翻耕或旋耕前将所有的肥料均匀撒在粉碎后的玉米秸秆上。

3. 及时整地，翻耕与旋耕结合 用旋耕机旋耕2遍，将碎秸秆全部翻埋在土下，做到土碎地平，上虚下实；根据当地生产条件，2～3年翻耕一次，深度20厘米以上。

4. 防病治虫，重点防治地下害虫 耕地前每亩用3%克·甲颗粒2千克均匀撒于田间，或每亩用50%辛硫磷乳油250毫升对水1～2千克拌干细土10～15千克均匀撒于田间。

（二）机械化深松技术

由于长期使用小型农机具作业，西南玉米区平均耕层只有18.2厘米。机械化深松技术是利用机械疏松土壤，打破犁底层，加深耕作层的技术。深松作业不翻土，在保持原土层的情况下，改善土壤通透性，提高土壤蓄水能力，熟化深层土壤，利于作物根系深扎，增加作物产量，是西南今后重点发展的技术之一。

①深松方式。分为全方位深松和间隔深松。全方位深松是对整个耕层进行深松，一般采用V形深松铲，作业后地表无沟，植被破坏不大，但对犁底层破碎效果较弱，消耗动力较大。间隔深松是深松一部分耕层，另一部分保持原有状态。一般采用凿式深松铲，犁底层破碎效果好，但作业后地表有沟。间隔深松可形成行间、行内虚实并存结构，其深松部分通气良好、利于接纳雨水；未松的部分紧实能提墒，利于根系生长和增强玉米抗逆性，因此，当前我国深松以间隔深松为主。

②深松时间。深松可在秋季、春播前及苗期进行，深松可结合秸秆灭茬还田。深松周期可根据土壤情况确定，一般2 ~ 4年进行一次。

③深松深度。深松深度的确定以打破犁底层为原则。深松前要对土壤耕层进行调查，确定犁底层深度。一般地块的深松深度为30 ~ 40厘米，免耕地为25 ~ 30厘米。

④深松机械。分为全方位深松机和间隔深松机，可按照不同的深松时间及农艺要求选用。深松属于重负荷作业，需用大中型拖拉机牵引，拖拉机功率应根据不同耕深、土壤比阻选配。深松机具的选用，应考虑耕作幅宽与拖拉机轮距相匹配，避免产生拖拉机偏牵引或漏耕现象。

六、子粒降水贮藏

玉米子粒具有水分含量高、成熟度不一致、呼吸旺盛、易发热、霉变等特点，比其他谷类作物较难贮藏，在贮藏前要做好子粒的降水。

（一）收获前田间降水

①选用生育期适中或较早熟、后期子粒脱水快的品种。

②施肥掌握早施、少施的原则，一般不晚于吐丝期，粒肥施用量不超过总追肥量的10%。如果土壤肥沃，穗期追肥较多，玉

米长势好，无脱肥现象，则不必再施攻粒肥，以防贪青晚熟。

③生育后期底部叶片老化枯萎，可及时打掉，增加田间通风透光。

（二）收获后降水

玉米穗集中到场院后要及时晾晒或通风脱水，场地较小堆放较集中的隔几天翻倒1次，防止捂堆霉变。

（三）穗贮和粒贮

玉米贮藏要求仓库干燥，通风凉爽，又便于密闭，防潮隔热性能良好。入库前将仓库清洁消毒，保证无虫。子粒在库内应按品种、质量等分类进行散装堆放或包装堆放。贮藏过程发现子粒发热时，应立即翻仓晾晒。也可采用玉米果穗搭架贮藏，由于未脱粒其胚部隐蔽，子粒的顶部有角质层和果皮掩盖，微生物不易

图6–10　收获后及时摊晒或挂藏晾晒

侵染，可以减轻玉米的霉变发热，贮藏性能好（图6–10）。

1. 穗贮方法　可用铁丝、砖、秫秸、木板做墙，用薄铁、石棉瓦做盖，建成永久性贮粮仓。

2. 粒贮方法　子粒入仓前，采用自然通风和自然低温，把子粒水分降至14%以内。

附录1　西南玉米生长发育阶段特征及管理要点

生育阶段	苗　期		穗　期		花粒期	
历时（天）	春玉米35～45；夏、秋玉米20～30；冬玉米30～40		春玉米40～45；夏、秋玉米27～30；冬玉米40～50		春玉米50～60；夏、秋玉米35～55；冬玉米50～60	
生育时期	播种至拔节		拔节至吐丝		吐丝至完熟	
	播种至出苗	出苗至拔节	拔节至大喇叭口	大喇叭口至吐丝	吐丝至灌浆	灌浆至完熟
典型图片						
生育特点	营养生长		营养生长与生殖生长并进		生殖生长	
	种子萌发、顶土出苗	长根、分化茎叶。茎叶生长缓慢，根系发展迅速	茎节间迅速伸长，叶片快速增大，根系继续扩展，雌雄穗迅速分化		开花、授粉、受精，胚乳母细胞分裂	灌浆、完熟

（续）

生育阶段	苗　期		穗　期		花粒期	
生长中心	种子萌发、出苗	根系生长	根茎叶生长	雌穗分化	子粒形成	子粒充实
产量构成因素	决定亩穗数		决定穗粒数		决定粒数和粒重	决定粒重
灾害性天气及影响	低温和干旱影响种子萌发、延缓出苗；晚霜延缓出苗，已出苗的可能受冻害；低温延缓幼苗生长；干旱推迟拔节和雌雄穗发育		6叶展期逆境胁迫会影响未来果穗穗行数与穗粗 12展叶至抽雄期逆境胁迫会减少穗长及每行潜在的粒数		吐丝期干旱或多雨等逆境胁迫影响授粉与受精，是逆境对产量影响最大的时期 子粒形成期和乳熟期逆境胁迫将造成子粒败育	乳熟期至蜡熟期逆境胁迫造成粒重下降。完熟期逆境对产量几乎没有影响，除非倒伏引发霉变或虫、鼠害等
丰产长相与主攻目标	丰产长相：苗全、苗齐、苗壮，茎扁圆短粗，叶绿根深 主攻目标：促进根系生长，使根系增多、增深，培育壮苗，达到苗早、全、齐、壮		丰产长相：茎粗、节短、根深、叶茂，植株健壮，生长整齐 主攻目标：促叶、壮秆、扩穗		丰产长相：叶色深，雌雄穗生长良好，穗大粒多，子粒饱满成熟 主攻目标：保叶护根，防倒防衰，增强叶片光合强度，保粒数增粒重，正常成熟	
主要措施	适期、精细播种，一播全苗；适时间苗、定苗；防虫保苗；搞好铲趟，深松土提温，除蘖打丫 施用提苗肥；干旱严重地块及时浇水		科学运筹肥水，及时治虫，拔除弱小株，中耕培土，重施穗肥，化控防倒		保障供水，补追粒肥，排涝防倒，病虫防治，完熟期适时收获，收获后及时晾晒	

附录2 玉米田间调查方法

（一）植株性状调查

1. 植株高度　选取有代表性地段，连续调查10 ~ 20株，抽雄前测量植株自然高度，抽雄后测量从地面至植株雄穗顶部的高度，以厘米表示。

2. 穗位高度　选取有代表性地段，连续调查10 ~ 20株，测量从地面至最上部果穗着生节位的高度，以厘米表示。

3. 可见叶数　拔节前心叶露出2厘米，拔节后露出5厘米时为该叶的可见期。新的可见叶与其以下叶数相加，即为可见叶数。

4. 展开叶数　上一叶的叶环从前一展开叶的叶鞘中露出，两叶的叶环平齐时为上一叶的展开期。新展开叶与其以下已展开叶数相加，即为展开叶数。

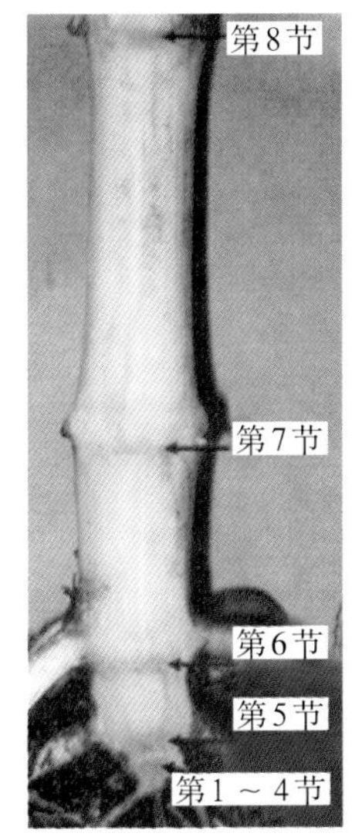

附图2–1　玉米基部茎节
（引自*Corn Field Guide*）

玉米生育中后期由于下部叶片脱落，难以判断叶位，可采用下列方法：每个茎节上生长1个叶片，基部4个节在根冠处通常难以区分，第5节大约距1 ~ 4节有1 ~ 2厘米，以此，通过辨认节位来判断叶位（附图2–1）。

5. 见展叶差　见展叶差 = 可见叶数 – 展开叶数。

6. 叶龄指数　叶龄指数 = 主茎展开叶片数 / 主茎总叶片数。

7. 叶面积与叶面积指数　叶面积只计算绿叶的面积，叶片变黄部分超过50%时，即不予计算。逐叶测量叶片长度（中脉长度，可见叶为露出部分的长度）和最大宽度，单叶叶面积 = 叶片长度 × 最大宽度 × 0.75。单株叶面积为全株单叶叶面积之和，单位土地面积上的总叶面积则为平均单株叶面积与总株数之积。叶面积指数LAI=该土地面积上的总叶面积/土地面积。

8. 群体整齐度 玉米群体整齐度一般指株高整齐度，用变异系数的倒数表示。选有代表性的玉米植株，连续测量15～20株，以地面至雄穗顶部的高度（厘米）计算株高平均值（X）和标准差（S），整齐度=X/S。

9. 经济系数 指经济产量在生物产量中所占的比例，也称收获指数。经济系数（K）=子粒干重（克）/植株总干重（克）

10. 倒伏度 植株倒伏倾斜度大于45°作为倒伏指标。倒伏程度分轻（Ⅰ）、中（Ⅱ）、重（Ⅲ）三级。倒伏植株占1/3以下者为轻，1/3～2/3者为中，超过2/3者为重。

11. 玉米病、虫调查记载

病、虫株率=（病、虫为害株数/调查总株数）×100%

病情指数=[Σ（各病级×该病级的株数）/（调查总株数×最高病级数）]×100

（二）种植密度调查

距田头4米以上选取样点，计算出平均行距(米)；连续测量21株的距离，除以20，计算出平均株距(米)（附表2-1）。

玉米种植密度（株/亩）=667米^2/(平均行距×平均株距)

附表2-1 种植密度速查表（以1穴1粒计）（单位：株/亩）

株距（厘米）	平均行距（厘米）							
	40	45	50	55	60	65	70	75
15	11 112	9 877	8 889	8 081	7 408	6 838	6 350	5 926
16	10 417	9 260	8 334	7 576	6 945	6 411	5 953	5 556
17	9 804	8 715	7 844	7 130	6 536	6 033	5 603	5 229
18	9 260	8 231	7 408	6 734	6 173	5 698	5 291	4 939
19	8 772	7 798	7 018	6 380	5 848	5 398	5 013	4 679
20	8 334	7 408	6 667	6 061	5 556	5 128	4 762	4 445
21	7 937	7 055	6 350	5 772	5 291	4 884	4 535	4 233
22	7 576	6 734	6 061	5 510	5 051	4 662	4 329	4 041
23	7 247	6 442	5 797	5 270	4 831	4 460	4 141	3 865
24	6 945	6 173	5 556	5 051	4 630	4 274	3 968	3 704

（续）

株距（厘米）	平均行距（厘米）							
	40	45	50	55	60	65	70	75
25	6 667	5 926	5 334	4 849	4 445	4 103	3 810	3 556
26	6 411	5 698	5 128	4 662	4 274	3 945	3 663	3 419
27	6 173	5 487	4 939	4 490	4 115	3 799	3 528	3 292
28	5 953	5 291	4 762	4 329	3 968	3 663	3 402	3 175
29	5 747	5 109	4 598	4 180	3 832	3 537	3 284	3 065
30	5 556	4 939	4 445	4 041	3 704	3 419	3 175	2 963
31	5 377	4 779	4 301	3 910	3 584	3 309	3 072	2 868
32	5 209	4 630	4 167	3 788	3 472	3 205	2 976	2 778
33	5 051	4 490	4 041	3 673	3 367	3 108	2 886	2 694
34	4 902	4 358	3 922	3 565	3 268	3 017	2 801	2 615
35	4 762	4 233	3 810	3 463	3 175	2 931	2 721	2 540

田间速测法：调查6.67米^{2}种植面积中的植株数，再扩大100倍即为1亩地植株密度。例，平均行距为40厘米，调查16.67米行长中植株数量，如为46株，则种植密度为4 600株/亩。为保证准确度，调查时可选3 ～ 5行，取平均数（附表2–2）。

附表2–2　不同行距下1/100亩行长表

平均行距（厘米）	40	45	50	55	60	65	70	75
调查长度（米）	16.67	14.82	13.33	12.12	11.11	10.26	9.52	8.89

（三）大田测产

一般在玉米子粒灌浆的蜡熟期至完熟期进行测产。

①丈量土地，确定种植面积。高产田内的渠道、人行道等占地不得扣除。

②随机选点。采取对角线五点取样法，即在田块四角和中央各随机取1个点，每个样点离地头5米以上。

③收获密度测定。见种植密度调查。

④空秆、双穗率测定。选取田中3～5行有代表性的种植行（垄），连续调查100株内空秆和双穗株数，获得双穗率、空秆率。穗粒数少于20粒的植株为空株，并且不计算在双穗率内，其子粒数也不计入穗粒数。

⑤穗粒数测定。在样点处连续测定20个果穗的穗粒数，取平均数。玉米穗粒数=穗行数×行粒数

其中，穗行数：计数果穗中部的子粒行数；行粒数：计数一中等长度行的子粒数（附图2-2）。

附图2-2 穗粒数测定
（16行，每行37粒）

⑥产量计算。以该品种常年千粒重计算理论产量，根据子粒含水量等情况，按85%或90%折后即为估计产量。以5点的平均值为该地块的平均产量。

产量（千克）=收获密度×（1+双穗率－空株率）×穗粒数×千粒重（克）×0.85（或0.9）/10^6

附录3　玉米自然灾害评估

（一）涝灾评估（引自*Corn Field Guide*）

①水分饱和土壤中，植株需要的氧气大约在48小时内耗尽。

②随涝灾时间延长，植株受害程度和死苗率增加；植株全部淹没比部分淹没受害重；6叶展前受灾较其后受害重。

③涝渍发生后，土壤温度影响灾害程度，土温越高，受害越重。一般15℃或更低的土温条件下，植株可存活4天，温度升高，存活时间缩短。

④洪涝退后，植株上的淤泥影响光合作用；涝渍损伤根系，使得植株抗逆能力降低。涝后形成的土壤硬壳影响出苗。

⑤由于反硝化和淋失，大量土壤氮素流失。

⑥涝灾后，易造成种子腐烂、幼苗枯死以及发生疯顶病。

是否毁种取决于死苗数和灾害发生时期。

（二）雹灾评估

雹灾对产量的影响可从死苗和叶片损伤两个方面估算，其中不同时期雹灾发生后叶面积损失比例对产量的影响如附表3-1。6叶展期之前只要生长点未被打断，雹灾对产量的影响较小。

附表3-1　雹灾后产量损失估算

时期	叶片损失的比例（%）									
	10	20	30	40	50	60	70	80	90	100
7叶展	0	0	0	1	2	4	5	6	8	9
10叶展	0	0	2	4	6	8	9	11	14	16
13叶展	0	1	3	6	10	13	17	22	28	34
16叶展	1	3	6	11	18	23	31	40	49	61
18叶展	2	5	9	15	24	33	44	56	69	84
抽雄期	3	7	13	21	31	42	55	68	83	100
吐丝期	3	7	12	20	29	39	51	65	80	97
子粒形成期	2	5	10	16	22	30	39	50	60	73
乳熟初期	1	5	7	12	18	24	32	41	49	59
乳熟后期	1	3	4	8	12	17	23	29	35	41
蜡熟期	0	2	2	4	7	10	14	17	20	23
完熟期	0	0	0	0	0	0	0	0	0	0

资料来源：美国农业部。

（三）风灾倒伏评估

玉米倒伏方式包括茎倒、根倒及茎折。茎倒是玉米茎秆呈不同程度的倾斜或弯曲，有时下折。常由于下部节间延伸过长、机械组织发育不良，或茎秆细弱、节根少，遇到大风或其他机械作用，茎的中、下部承受不住穗部或植株上部的重量而倒伏；根倒伏表现为茎不弯曲而整株倾倒，有时完全倒在地面。常由于根系弱小、分布浅或根受伤，当灌水或降雨过多时，土壤软烂，固着根的能力降低，如遇大风即整株倒下，部分植株恢复直立生长后呈“鹅脖”状。茎折主要是抽雄前生长较快，茎秆组织嫩弱及病虫为害，遇风引起的。一般前期氮肥用量大、土壤有机质含量高的地块容易发生茎折，有些品种易发生茎折。对产量影响最大的是茎折，其次是根倒，茎倒对产量的影响最轻。据*Corn Field Guide*，玉米10 ～ 12叶展时发生根倒，一般减产不超过5%；13 ～ 15叶展时根倒减产5% ～ 15%；17叶展后发生根倒减产超过30%（附图3–1）。

附图3–1　不同类型的玉米倒伏
1.根倒　2.茎倒　3.茎折　4.大面积倒伏

玉米生育后期倒伏植株多表现为基部茎秆组织腐烂、中空，与生长季节遭受叶部病害、雹灾、干旱、涝灾、持续阴雨寡照、缺钾及虫害等逆境胁迫有关，将导致机收玉米损失。因此，吐丝后40 ～ 60天应注意观测基部节间的腐烂程度，确定机械收获的适宜时间。

附录4　玉米病虫害与生长异常诊断方法

玉米植株受到病虫害侵袭或不良环境条件的持续干扰后，其正常的生理代谢功能和生长发育受到影响，在生理和外观上表现出异常，这种异常叫症状（病害、营养失调）或被害状（虫害）。引起玉米异常的原因主要包括各种病原物、害虫、不当的农事操作和不良环境条件，如多种真菌、病毒（类病毒）、细菌、线虫、害虫、极端温度、水分以及营养失调、药害或有害气体等。由于致病原因复杂，就要求对其全面调查、综合分析，明确主要原因，做出正确诊断。

（一）田间初步诊断

一般主要鉴别是虫害、伤害还是病害，是侵染性病害还是非侵染性病害。

①首先在发生现场观察植株表现出的症状、受害状（与健康植株对比，详细核查异常株根、茎、叶及内部组织）及田间分布情况（是随机分布，还是有某种规律，特别是地边、水路、篱笆、田间入口处的情况），调查了解受害发生与当地气候、地势（低洼地还是高处）、土质、农事作业（播种、施肥、灌溉、喷药等田间作业）的关系，初步做出受害类别的判断。

②收集田间背景信息，包括：前茬，以往病、虫和杂草为害情况，播种日期、播深和种床情况，杂交种抗病、虫及耐除草剂情况，病田及临近田块除草剂、化肥、农药等化学制品的施用时期、方式、浓度、施用当时及随后的天气情况，土壤湿度和紧实度，土壤近期测试结果（如土壤肥力、pH），地形，近期天气情况，相邻种植的作物。

③初步诊断时注意：A. 通过时间预判。一般虫害多发生在每年的某一时间段及玉米的某一生育时期，而病害主要与玉米生育

时期有关。B.如果病株在田间成片、有规律分布及大面积同时发生，可能不是病害或虫害所致，而是除草剂等非侵染性病害。C.一些虫害和大部分病害对作物有专一性，若同一区域不同作物及杂草上出现相同的病症，则可能是非生物因素造成的，如除草剂等。

（二）进一步确诊

可通过镜检、剖检、人工培养等方法做出诊断，必要时还可采用化学诊断法、人工诱发及治疗试验。在初诊基础上，也可用可疑病因处理健康植株，观察是否发生病害；或对病株进行针对性治疗，观察其症状是否减轻或是否恢复正常。没有条件检测的，可与国家玉米产业技术体系植保专家联系，并取样送检（附表4-1）。

附表4-1 国家玉米产业技术体系西南区植保专家

专家姓名	单 位	职 称	电 话	邮件地址	联系地址	邮 编
李 晓	四川省农业科学院植物保护研究所	研究员	028-84590082	scyumi@yahoo.com.cn	成都市净居寺路20号	610066
陈 捷	上海交通大学农业与生物学院	教 授	021-34206141	jiechen59@sjtu.edu.cn	上海市闵行区东川路800号	450002
王振营	中国农业科学院植物保护研究所	研究员	010-62815945	wangzy61@163.com	北京市海淀区圆明园西路2号	100193
王晓鸣	中国农业科学院作物科学研究所	研究员	010-82109609	wangxm57@sina.com	北京市海淀区中关村南大街12号	100081

采集样品方法：

1.**植株样品** 采集足够的新鲜材料，要求植株完整，包括根系和顶部；用干纸巾或干净的报纸包裹，样品不要加湿。并拍摄田间图片，提供背景信息。

2.**昆虫样品** 采集害虫及典型为害部位的植株样品；其中，硬体昆虫（如蝗虫、甲虫等）装入塑料瓶或小药瓶中，软体昆虫（如一些害虫的幼虫、蚜虫）装入有酒精或洗手液的瓶中。

3.**土壤样品** 取严重发病植株区域土样，按Z形取10 ～ 20个点，每点用取土钻或小铲从上部30厘米土层取100克土样，混合后从中取500克混样，装入塑料袋或纸袋，封口，并贴上标签；样品送出前放置在冷凉、暗处。

（三）主要症状或被害状及可能产生的原因

为了便于准确诊断病害，症状可再分为两部分，寄主发病后植物本身所表现的不正常状态，称为病状；病原生物在寄主上的特征特性表现为病征。玉米受害后表现出的症状和被害状主要有以下几类。

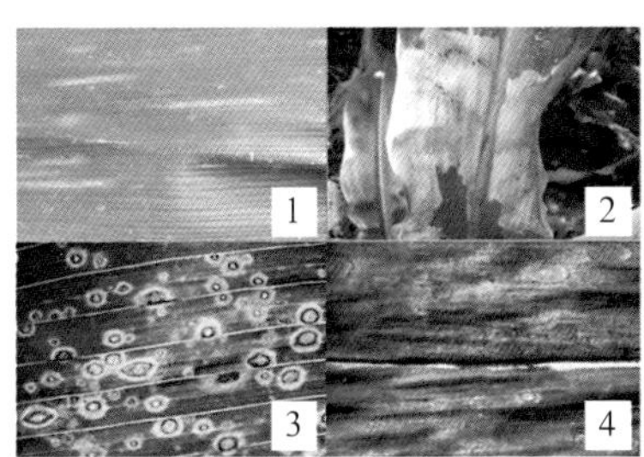

附图4-1　斑点或病斑的类型

1.条斑　2.不规则斑　3.圆斑　4.轮斑

1. 坏死　主要发生在叶片、叶鞘、苞叶和根上。因受害部位不同，表现不同，一般颜色和形状有多种。如各种叶斑病、鞘腐病、苗期根腐病、苗枯病、青枯病和各种化学药剂损伤（药害）等都会引起不同形状和颜色的坏死（附图4-1，附图4-2）。

附图4-2　苗枯病（1）和青枯病（2）

2. 变色或褪绿　主要发生在叶片、叶鞘或茎秆上。均匀或不均匀变色，主要表现为褪绿、黄化、白化、红叶、花叶、条纹等。如缺素引起的各种黄化、除草剂损伤引起的白化苗、遗传因素引起的遗传性条纹、生理性红叶、矮花叶病引起的花叶、害虫引起的红叶和条纹状黄化等（附图4-3）。

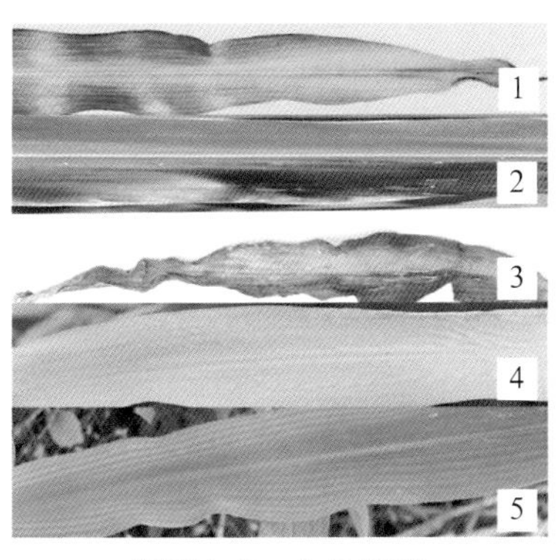

附图4-3　变色类型

1.黄化　2.红叶　3.紫叶　4.白化　5.条纹

3. 腐烂　主要发生在根茎

部、心叶中和穗部。根据腐烂部位水分散失情况又分为干腐、湿

附图4-4 腐 烂
1.细菌性茎腐病 2.茎腐病
3.细菌性茎腐病 4.细菌性穗腐病

附图4-5 萎 蔫
1.地老虎为害造成萎蔫
2.茎腐病造成萎蔫

附图4-6 畸 形
1.丛生 2.矮化 3.卷叶
4.肿瘤 5.雌穗变态 6.雄穗变态

腐、软腐3种形式。如各种茎腐病、穗腐病、细菌性枯萎病等(附图4–4)。

4.萎蔫 整株或上半部分或部分叶片由于根茎内维管束受到破坏、水分供应不足而出现的凋萎现象。如茎腐病引起的整株萎蔫、鞘腐病引起的部分叶片萎蔫、地下害虫引起的整株萎蔫、钻蛀性害虫引起的枯心和植株上半部分萎蔫（附图4–5）。

5.畸形 主要发生在叶片、心叶、雌雄穗或整株。主要表现矮化、丛生、器官变态、卷叶、徒长、肿瘤等。如粗缩病、疯顶

病、瘤黑粉病、丝黑穗病、线虫病、地下害虫为害、蓟马为害等（附图4–6）。

6. 其他症状　病征主要有以下几种。

①粉状物。直接产生于植物表面、表皮下或组织中，以后破裂而散出，包括锈粉、白粉、黑粉等。如玉米瘤黑粉病、丝黑穗病、玉米锈病等。

②霉状物。是真菌的菌丝、各种孢子梗和孢子在植物表面构成的特征，其着生部位、质地、结构、颜色因真菌种类不同而不同。有霜霉、绵霉等，如玉米大斑病。

③点状物。病部具形状、大小、色泽和排列方式各不相同的小颗粒状物，大多暗褐色，针尖至米粒大小，如炭疽病。

④颗粒状物。是真菌菌丝体变态形成的一种特殊结构，其形态大小差别较大，有似鼠粪状或菜籽状，如玉米纹枯病。

⑤脓状物。是细菌病害在病部溢出的含有细菌菌体的脓状黏液，一般呈露珠状或散布为菌液层，在气候干燥时形成菌膜或菌胶粒，如玉米细菌性茎基腐病。

（四）区分病害和虫害

害虫个体较大，为害状较明显，容易发现和识别。可按害虫的形态特征来直接鉴别，也可通过植株有无虫体、虫粪、特殊的缺刻、孔洞、隧道及刺激点等虫害特征判断。如果排除虫害的可能，应考虑为病害。

（五）区分侵染性病害和非侵染性病害

病害诊断的第一步是按其发生原因正确区分侵染性病害和非侵染性病害两大类。前者是由有害生物的寄生引起的，后者是由不适宜的逆境环境、不当的农事操作或遗传原因引起的。从病情看，侵染性病害因有害生物（病原物）的侵染、寄生并传染，因此在田间的发生多呈随机分布，点片发生，有明显发病中心，发病条件适宜易流行成灾。与之相反，非侵染性病害是由非生物因素引起的（遗传性的病害除外，主要是不适宜的环境条件和不当的农事操作），没有病原物，因此在田间发生后不会传染蔓延，病情比较稳定，而且环境条件改善后，还会有所缓解。

侵染性病害有一个发生发展或由点到片传染的过程；在特定的品种或环境条件下，病株间病害轻重不一；在病株的表面或内部可以发现其病原生物体存在(病征)，它们的症状也有一定的特征。非侵染性病害从病株上看不到任何病征，也分离不到病原物，往往大面积同时发生，没有逐步传染扩散的现象。非侵染性病害的环境逆境包括许多方面，但主要是不适宜的土壤和气象条件。土壤和气象条件是宏观的、区域性的，因此，在田间往往成片、有规律或大面积地同时发生同一症状。在西南玉米区常见的

附图4-7　日　灼

附图4-8　田间药害

非侵染性病害有高温“日灼”、干旱、冻害、除草剂药害、缺素症、肥害等(附图4-7，附图4-8)。

（六）各类侵染性病害的诊断方法

1.真菌病害的诊断　真菌病害的主要病状是坏死、腐烂、萎蔫，少数为畸形；在发病部位常产生霉状物、粉状物、锈状物、粒状物等病征（附图4-9)。

附图4-9　真菌病害的病征类型
1.霉状物　2.粒状物　3.锈状物　4.粉状物　5.丝状物

2.细菌病害的诊断　细菌所致植物病害症状，主要是斑点、溃疡、萎蔫、腐烂及畸形等，多数叶斑受叶脉限制。病斑初期呈水渍状或油渍状，半透明，边缘常有褪绿的黄晕圈。多

数细菌病害在发病后期，当气候潮湿时，从病部的气孔、水孔、皮孔及伤口溢出黏状物即菌脓，这是细菌病害区别于其他病害的

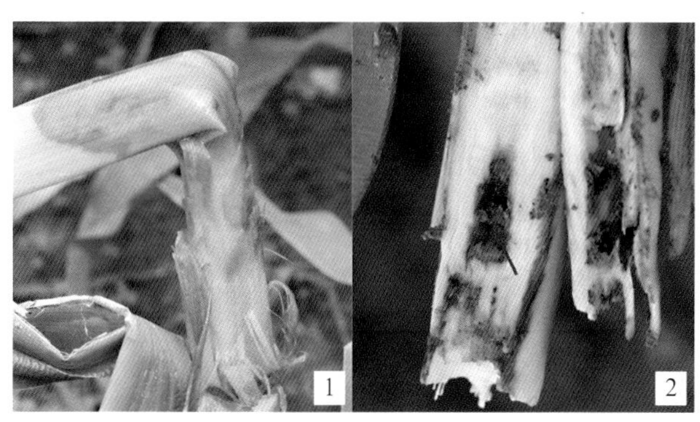

附图4-10　细菌病害典型症状
1.黏状物　2.菌脓

主要特征。腐烂型细菌病害的重要特点是腐烂的组织黏滑且有臭味（附图4-10）。

切片检查有无“菌溢”现象是诊断细菌病害简单而可靠的方法。切取小块病健部交界的组织，放在玻片上的水滴中，盖上盖玻片，在显微镜下观察，如在切口处有云雾状细菌溢出，说明是细菌性为害。对萎蔫型细菌病害，将病茎横切，可见维管束变褐色，用手挤压，可从维管束流出混浊的黏液，利用这个特点可与真菌性病害区别。也可将病组织洗净后，剪下一小段，在盛有水的瓶里插入病茎或在保湿条件下经一段时间，从切口处有混浊的细菌溢出来判断。

3.病毒病害的诊断　植物病毒有病状没有病征。病状多表现为花叶、黄化、矮缩、丛枝等，少数为坏死斑点。撕取表皮在电镜下可见到病毒粒体和内含体。感病植株，多为全株性发病，少数为局部性发病。在田间，一般心叶首先出现症状，然后扩展至植株的其他部分。此外，随着气温的变化，特别是在高温条件下，病毒病常会发生隐症现象（附图4-11）。

病毒病症状有时易与非侵染性病害混淆，诊断时要仔细观察，

注意病害在田间的分布，综合分析气候、土壤、栽培管理等与发病的关系，病害扩展与传毒昆虫的关系等。必要时还需采用汁液

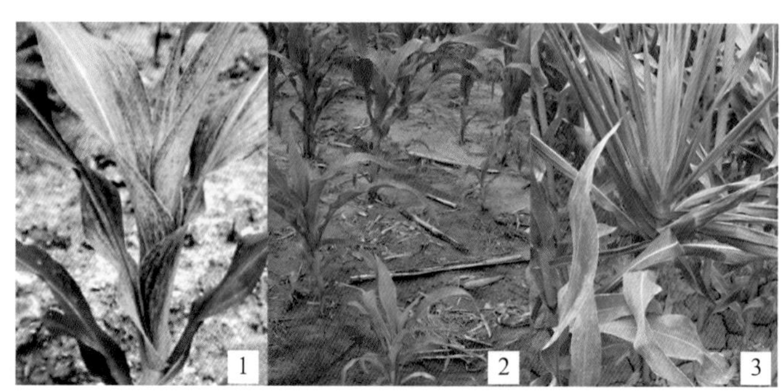

附图4–11　病毒病典型症状
1.花叶　2.矮化　3.丛生

摩擦接种、嫁接传染或昆虫传毒等接种试验，以证实其传染性，这是诊断病毒病的常用方法。

4.线虫病害的诊断　线虫多数引起植物地下部发病，病害呈缓慢的衰退症状，很少急性发病。通常表现为植株矮小、叶片黄化、茎叶畸形、叶尖干枯、须根丛生以及形成虫瘿、肿瘤、根结等。鉴定时，可剖切瘿或肿瘤部分，用针挑取线虫制片或用清水浸渍病组织，或做病组织切片镜检。有些植物线虫不产生虫瘿和根结，可通过漏斗分离或组织染色法检查。必要时可用虫瘿、病株种子、病田土壤等人工接种，视其发病与否以诊断原病株之病害。

附录5　复合肥用量估算方法与常用肥料品种及特性

一、复合肥用量估算方法

以玉米目标产量600千克／亩为例：

如亩产600千克需施纯氮15千克、五氧化二磷3千克、氧化钾5千克，若选用复合肥品种为含氮10%、五氧化二磷10%、氧化钾10%的三元素复合肥，以亩施纯量最少的五氧化二磷计算，计算步骤为：

①亩施纯五氧化二磷3千克需要三元素复合肥量为3÷10%=30（千克）

② 30千克复合肥含纯氮量为30×10% =3（千克）

③ 30千克复合肥含纯氧化钾量为30×10% =3（千克）

由上计算可知，施用30千克三元素复合肥只能满足纯五氧化二磷3千克需求，纯氮、氧化钾不能满足，需补充：纯氮：15−3=12（千克）；纯氧化钾：5−3=2（千克）

再选用氮肥、钾肥品种，根据需补充纯氮、纯氧化钾量计算相应实物量。

若补充氮肥选用尿素，则需补施尿素12÷46% =26.1（千克）。

若补充氧化钾选用氯化钾，则需补施氯化钾2÷60% =3.3（千克）。

二、常用肥料品种及特性

见附表5-1。

附表5-1　常用肥料品种及特性

肥料名称	化学分子式	传统分类	主要养分含量	其他养分含量	吸湿性	水溶性	酸碱性
尿素	$CO(NH_2)_2$	氮肥	N 46%		差	高	中性
碳酸氢铵	NH_4HCO_3	氮肥	N 17%		高	高	中性
硫酸铵	$(NH_4)_2SO_4$	氮肥	N 21%	S 24%	高	高	酸性
氯化铵	NH_4Cl	氮肥	N 25%	Cl 66%	高	高	酸性
过磷酸钙		磷肥	P_2O_5 12%	S 12%、CaO 27%	中	差	酸性
磷酸二铵	$(NH_4)_2HPO_4$	复混肥	P_2O_5 46%、N 18%		差	高	微酸性
磷酸一铵	$NH_4H_2PO_4$	复混肥	P_2O_5 48%、N 11%		差	高	微酸性
钙镁磷肥		磷肥	P_2O_5 18%	CaO 25%、MgO 14%	差	差	微碱性
重过磷酸钙		磷肥	P_2O_5 46%	S 1%，CaO 12%	差	中	微酸性
硝酸磷肥		复合肥	N 27%、P_2O_5 13%	CaO 20%	中	高	酸性
磷酸二氢钾	KH_2PO_4	复合肥	P_2O_5 52%、K_2O 34%		差	高	中性
氯化钾	KCl	钾肥	K_2O 60%	Cl 47%	差	高	中性
硫酸钾	K_2SO_4	钾肥	K_2O 50%	S 18%	差	高	中性

（续）

肥料名称	化学分子式	传统分类	主要养分含量	其他养分含量	吸湿性	水溶性	酸碱性
硝酸钾	KNO_3	复合肥	K_2O 45%、N 13%		差	高	中性
硝酸钙	$Ca(NO_3)_2$	氮肥	N 15%	CaO 20%	高	高	微酸性
硝酸镁	$Mg(NO_3)_2$	氮肥	N 18%	Mg 16%	差	高	微酸性
硫酸镁	$MgSO_4$	镁肥，硫肥	Mg 20%、S 26%		差	高	中性
硫黄	S	硫肥	S 100%		差	差	中性
石膏	$CaSO_4$	石灰材料	CaO 29%、S 18%		差	差	中性
方解石	$CaCO_3$	石灰材料	CaO 40%		差	差	微碱性
硫酸亚铁	$FeSO_4 \cdot 7H_2O$	微肥	Fe 20%	S 11%	中	高	微酸性
硫酸锌	$ZnSO_4 \cdot 7H_2O$	微肥	Zn 20%	S 10%	高	高	微酸性
硫酸锰	$MnSO_4 \cdot H_2O$	微肥	Mn 32%	S 18%	差	高	微酸性
硫酸铜	$CuSO_4 \cdot 5H_2O$	微肥	Cu 25%	S 12%	中	高	微酸性
硼砂	$Na_2B_4O_7 \cdot 10H_2O$	微肥	B 10%		差	高	微碱性
硼酸	H_3BO_3	微肥	B 16%		差	高	微酸性
钼酸铵	$(NH_4)_6Mo_7O_{24} \cdot 4H_2O$	微肥	Mo 54%	N 6%	差	高	中性
钼酸钠	$Na_6Mo_7O_{24}$	微肥	Mo 56%	Na 11%	差	高	微碱性

摘自：全国农业技术推广服务中心编写《春玉米测土配方施肥技术》，2011。

附录6　常规肥料混配一览表

○ 可以混合
● 混合后不宜久放
× 不可混合

		1	2	3	4	5	6	7	8	9	10	11	12	13	14	15	16	17	18	19	20	21	22	23	24
1	硫酸铵																								
2	硝酸铵	●																							
3	氨水	×	×																						
4	碳酸氢铵	×	●	×																					
5	尿素	○	●	×	×																				
6	石灰氮	×	×	×	×	×																			
7	氯化铵	○	●	×	×	○	×																		
8	过磷酸钙	○	●	○	×	○	×	○																	
9	钙镁磷肥	●	●	×	×	○	×	×	×																
10	钢渣磷肥	×	×	×	×	×	×	×	×	○															
11	沉淀磷肥	○	●	×	×	○	×	○	×	○	○														
12	脱氟磷肥	●	●	×	×	○	×	×	×	○	○	○													
13	重过磷酸钙	○	●	○	×	○	×	○	○	×	×	×	×												
14	磷矿粉	○	●	×	×	○	×	○	●	○	○	○	○	●											
15	硫酸钾	○	●	×	×	○	×	○	○	○	○	○	○	○	○										
16	氯化钾	○	●	×	×	●	×	○	○	○	○	○	○	○	○	○									
17	窑灰钾肥	×	×	×	×	×	×	×	×	○	○	○	○	×	○	○	○								
18	磷酸铵	○	●	×	○	×	×	○	○	×	×	×	×	○	×	○	○	×							
19	硝酸磷肥	●	●	×	×	●	×	●	●	×	×	×	×	●	●	●	●	×	●						
20	钾氮混肥	○	●	×	×	○	×	○	○	×	×	×	×	○	●	○	○	×	○	●					
21	氨化过磷酸钙	○	●	×	×	○	×	○	○	×	×	×	×	○	●	○	○	×	○	●	○				
22	草木灰、石灰	×	×	×	×	×	×	×	×	○	○	○	○	×	○	○	○	○	×	×	×	×			
23	粪、尿	○	○	×	×	○	×	○	○	×	×	×	×	○	○	○	○	×	○	○	○	○	×		
24	新鲜厩肥、堆肥	○	×	○	○	○	○	○	○	○	○	○	○	○	○	○	○	○	○	×	○	○	○	○	
		硫酸铵	硝酸铵	氨水	碳酸氢铵	尿素	石灰氮	氯化铵	过磷酸钙	钙镁磷肥	钢渣磷肥	沉淀磷肥	脱氟磷肥	重过磷酸钙	磷矿粉	硫酸钾	氯化钾	窑灰钾肥	磷酸铵	硝酸磷肥	钾氮混肥	氨化过磷酸钙	草木灰、石灰	粪、尿	新鲜厩肥、堆肥

摘自：全国农业技术推广服务中心编写《夏玉米测土配方施肥技术》，2011。

附录7　农药混合安全使用知识

将两种或两种以上含不同有效成分的农药制剂混配在一起施用，通常称农药混用。农药混用的形式有两种：一种是根据农田有害生物发生的情况，选择适当的农药品种和剂型现混现用；另一种是混剂，即根据生产需要，经最佳配比选择、室内毒力测定和配方研究后，由工厂加工生产成一定剂型的混合制剂，供用户直接使用。混剂在出厂前已经过了安全性测定，按照说明使用，一般不会出现药害。这里指的农药混用，是指农户根据田间病虫草害发生情况自行购药混合施用。

合理的农药混用，不仅可以增加防效，扩大防治范围，降低有害生物的抗药性，提高产量，还可以提高工效，减少用药量，降低成本。但目前生产上农药的盲目混用现象比较严重，结果导致农药药效降低，或者毒性增加，甚至还使作物产生药害，所以农药的混用一定要慎重，切忌没有科学依据的情况下随意混配。

一、农药混用的原则

1.混用后不发生不良化学反应（如水解、碱解、酸解或氧化还原反应等）　例如，多数有机磷杀虫剂、氨基甲酸酯类杀虫剂、拟除虫菊酯类杀虫剂等对敌稗、波尔多液、石硫合剂、硫酸锌石灰液等碱性农药敏感，混用时很快发生水解反应从而降低药效或成无效物；福美双、代森环、克菌丹等杀菌剂，有效成分在碱性介质中会发生复杂的化学变化而被破坏；有的农药如2，4-D钠盐、2甲4氯钠盐、双甲脒等有效成分在酸性条件下会分解，或者降低药效，常见的酸性药剂有硫酸铜、硫酸烟碱、抗菌剂401、乙烯利水剂等；有机硫类和有机磷类农药不能与含铜制剂的农药混用，如二硫代氨基甲酸盐类杀菌剂、2，4-D盐类除草剂与铜制剂混用，因与铜离子络合，而失去活性。

2. 混用后不影响药剂的物理性状（如乳化性、悬浮率降低等） 不同剂型的农药混用很易造成物理不稳定性，例如：可湿性粉剂和乳油进行混用，常形成油状絮凝或沉淀；农药与液体肥料混用时，则可能发生盐析作用，而发生分层甚至沉淀。不同剂型之间混用时，加入顺序不同，所得到的相容性结果或混合液的稳定性有差异，一般加入不同剂型的顺序是：微肥、可湿性粉剂、悬浮剂、水剂、乳油，并不断搅拌，待一种药剂充分溶解后再加下一种药剂，这样容易配成稳定均一的混合药液，切忌将几种药剂一起倒入水中搅和。

3. 混用后，不能使作物产生药害 有些农药混用时，会产生物理或化学变化造成药害，应特别注意。例如，丁草胺等不能与有机磷、氨基甲酸酯杀虫剂混用；烟嘧磺隆系列是当前玉米上使用较多的苗后茎叶处理剂，其与有机磷类农药产品混用易产生药害。通常，本身易产生药害的杀菌剂，在与乳油类混用时往往会加重药害。

4. 农药混合后，毒性不能增大，且毒性和残留不高于单用的药剂 有些农药混合后会增大毒性，植物易产生药害，对人畜也不安全。例如，某些毒性不太高的农药(有机磷杀虫剂)混用后，因酯交换反应会产生剧毒化合物，如马拉硫磷与敌敌畏、马拉硫磷与敌百虫混用后会增加毒性。

5. 混用要合理 根据防治目的，所混药剂之间要取长补短，各取所需。例如，根据作用机理的不同将敌百虫与敌敌畏混用，即是利用敌百虫的胃毒作用与敌敌畏熏蒸和触杀作用的杀虫剂相混合；根据药效速度不一样将两种农药混合，若合理混配，可以优势互补，如菊酯或毒死蜱与阿维菌素混用，前者杀虫快，后者杀虫慢，混配后可加速杀虫作用并延长作用时间；以扩大防治范围为目的，如除草剂与杀虫剂在玉米田的混合施用，在防治杂草的同时对苗期害虫有一定的防治作用。

6. 注意农药品种间的拮抗作用，保证药剂混用后的增效作用 农药混用的目的之一就是增加防治效果，如果混用后效果降低则不能混用。例如，棉铃虫对拟除虫菊酯类杀虫剂的抗性非常严重，但当与有机磷类杀虫剂、氨基甲酸酯类杀虫剂混用后，对拟除虫菊酯类杀虫剂表现出明显的增效作用。

二、农药混用类别

1. 杀虫剂混用 由两种或两种以上杀虫剂混配而成，是混剂中最多的一类。目前主要有有机磷类与有机磷类、有机磷与拟菊酯类、有机磷与氨基甲酸酯类、有机氮与氨基甲酸酯类、有机氮与拟菊酯类等混用方式。例如，Bt乳剂可与非碱性化学农药杀虫双、杀虫单、甲胺磷、三唑磷、敌敌畏、敌百虫等化学杀虫剂或杀螨剂混合使用，并有增效作用，但严禁与杀菌剂混用。马拉硫磷与敌敌畏或二溴磷混用，可防治灰飞虱、叶蝉等，不仅防效显著，还可以阻止害虫抗性的发展；甲胺磷和溴氰菊酯混合后对玉米螟3龄幼虫的触杀活性较这两种药剂单独处理表现出相加至增效的作用；阿维菌素加乐果或抑太保也可以防治多种害虫。

2. 杀虫剂与杀菌剂混用 由一种或多种杀虫剂与一种或多种杀菌剂混配而成。例如，马拉硫磷与稻瘟净混用（1∶1）防治棉铃虫比单用马拉硫磷增效6.19倍。但值得注意的是微生物杀虫剂和内吸性有机磷杀虫剂不能与杀菌剂混用，如果与杀菌剂混用，它们被杀菌剂致死，自然失去杀虫、杀菌的作用，如Bt制剂。

3. 杀虫剂与除草剂混用 由一种或多种杀虫剂与一种或多种除草剂混配而成。例如，防治田间地头杂草间的灰飞虱，最好在喷施杀虫剂的同时加入百草枯（克芜踪）、草甘膦（农达）等除草剂杀灭杂草，破坏该虫的栖息环境，降低虫量。在玉米田除草时，加适量杀虫剂（如：氧化乐果，每亩加药100毫升），可消灭残落在田间的黏虫幼虫；对硫磷与灭草隆或莠去津分别混用，增效分别为4.1倍及3.6倍；此外烟嘧磺隆可与菊酯类杀虫剂混用，除草的同时也可治虫。

4. 杀菌剂混用 由两种或两种以上杀菌剂混配而成。由于成本等原因，目前玉米田应用的比较少。例如，烯唑醇与扑海因混配，田间相对防效明显高于两单剂及目前生产中常用于防治玉米弯孢菌叶斑病的百菌清。

5. 杀菌剂与除草剂混用　由杀菌剂与除草剂混配而成，较少应用。

6. 除草剂混用　由两种或两种以上除草剂混配而成，品种很多。玉米田化学除草首选除草剂混用，如：阿特拉津除草效果较好但用量不宜过大，需要与其他除草剂混用，可供搭配的除草剂主要为乙草胺、都尔等；将烟嘧磺隆与莠去津、二甲四氯钠混用，可以减少烟嘧磺隆用量，避免药害发生。

7. 植物生长调节剂混用　由两种或两种以上植物生长调节剂混配而成，如DA–6+乙烯利(或复硝酚钠+乙烯利)。单用乙烯利有矮化增壮作用，但易出现叶片早衰现象，应用DA–6+乙烯利复配使用比单用乙烯利可降低株高达20%，具有明显的增效，防早衰明显。

8. 农药与化学肥料的混用　由不同类别的农药与不同类别的化学肥料混配而成。田间除草剂和肥料混用较多，如：氮磷钾肥与2，4-D或西玛津比单独应用增加玉米产量，表现出对产量的增效作用；叶面肥料与2，4-D混用使2，4-D的除草活性增加50%。草甘膦与液体肥料尿素或硫酸铵混用同样增加了草甘膦的除草活性。

农药使用有以下四种情况需注意：

①不能与碱性肥料混用。如氨水、草木灰等不能与敌百虫、乐果、甲胺磷、速灭威、甲基托布津、多菌灵、叶蝉散、菊酯类杀虫剂等农药混用，否则会降低药效。

②不能与碱性农药混用。如石硫合剂、波尔多液、松脂合剂等与碳酸氢铵、硫酸铵、硝酸铵和氯化铵等铵态氮肥和过磷酸钙等化肥混用，否则会使氨挥发，降低肥效。

③不能与含砷的农药混用。如砷酸钙、砷酸铝等与钾盐、钠盐类化肥混用，否则会因产生可溶性砷而发生药害。

④化学肥料不能与微生物农药混用。因为化学肥料挥发性、腐蚀性都很强，若与微生物农药，如青虫菌等混用，则易杀死微生物，降低防治效果。

附录8　农药配比方法及浓度速查表

1. 农药配制方法

①液体农药的稀释。液体量少时可以直接稀释。需要配制较多药量时，最好采取二步配制法，即用少量水将农药原液先配成母液，再将母液按比例稀释。

②可湿性粉剂的稀释。应采用二步配制法，即先用少量水配成较浓稠的母液，再将母液按要求稀释。

③粉剂农药的稀释。主要是利用填充料稀释。先取草木灰、米糠、干细泥等，再将所需的粉剂农药混入搅拌，反复添加，直到达到所需倍数。

④颗粒剂农药的稀释。利用适当的填充料与之混合（可用干燥的沙土或中性化肥作填充料），按一定比例搅匀。

2. 注意事项　不要用污水和井水配药，因为污水内杂质多，容易堵塞喷头，还会破坏药剂悬浮性而产生沉淀；而井水含矿物质较多，与农药混合后易产生化学作用，形成沉淀，降低药效。最好用清洁的河水配药。农药配制浓度见附表8-1。

附表8-1　农药配比速查表

稀释浓度	15千克水加药量（克或毫升）	25千克水加药量（克或毫升）	50千克水加药量（克或毫升）
100倍液	150.00	250.00	500.00
200倍液	75.00	125.00	250.00
300倍液	50.00	83.50	167.00
500倍液	30.00	50.00	100.00
600倍液	25.00	41.50	83.00
800倍液	18.75	31.25	62.50
1 000倍液	15.00	25.00	50.00
1 200倍液	12.50	20.85	41.70
1 500倍液	10.00	16.65	33.30
2 000倍液	7.50	12.50	25.00
2 500倍液	6.00	10.00	20.00
3 000倍液	5.00	8.35	16.70

附录9　玉米种子质量标准及简单鉴别方法

一、玉米种子质量标准

种子质量包括两个方面，一是种子的品种属性，二是种子的播种品质。品种属性指品种纯度、丰产性、抗逆性、早熟性、产品的优质性及良好的加工工艺品质等。播种品质是指种子的充实饱满度、净度、发芽率、水分、活力及健康度等。高质量的种子应当兼有优良的品种属性和良好的播种品质，缺一不可。

国家对玉米种子质量实施强制性标准（GB 4404.1—2008中华人民共和国国家标准《粮食作物种子 第一部分：禾谷类》，2008年9月1日实施），质量指标包括：纯度、发芽率、水分和净度四项。玉米杂交种纯度指标是≥96%、净度≥99%、发芽率≥85%、水分≤13%。长城以北和高寒地区的种子水分允许高于13%，但不能高于16%。若在长城以南（高寒地区除外）销售，水分不能高于13%。质量指标是指生产商必须承诺的质量指标，按品种纯度、净度、发芽率、水分指标标注。

二、玉米种子质量的简单鉴别

农民朋友在购买种子时，应从以下几个方面加以识别。

1.看种子的包装是否标准　正规的合格种子，其包装袋上应注明作物名称、种子类别和种子净重量。包装袋内外应附有种子标签，标签上注明作物名称、种子类别、品种名称和品种审定编号、产地和生产时间、产地检疫证明或证书编号、种子净含量、种子质量（发芽率、纯度、净度和水分）、生产商名称和生产许可证编号、联系地址和电话及注意事项等内容。

2.观看种子外形　普通玉米杂交种，子粒类型可分为马齿型、半马齿型和硬粒型三种。从外形来分，有长木楔、木楔、短木楔、近圆、圆肾形。如果杂交种中混入了异品种种子，则可以根据子粒的类型而鉴别。杂交种的形状、大小一般都像母本种子。一般一个制种区的玉米杂交种形状大小比较均匀一致，二代种子虽也比较均匀一致，但与杂交种相比，种子粒大、扁平、颜色浅，购种时应注意。

3. 目测种子的成色 选择色泽鲜亮、颗粒饱满、均匀无杂质的种子。玉米种子的颜色通常有红、黄、白、紫等，纯度越高的种子颜色越均一。购买时看种子有无光泽可判断种子的新陈，色泽鲜亮是新收获的种子，色泽较暗的种子可能是隔年陈种。

4. 看种子包衣与外包装情况 看种子是否经过包衣加工，并且是定量小袋包装，外包装是否完整、规范、统一、清晰。

三、种子购买时的其他注意事项

1. 要看经营单位的可信度 农户购买种子不能贪图便宜，切不可在流动摊贩处购买，要到正规的公司或者委托代销点购买。

2. 技术咨询 在购买新品种种子时，首先要问清该品种是否经过审定，未经审定的品种不能购买、使用；其次问清品种特征特性、栽培技术，并索要品种介绍等资料，认真咨询所购买的种子是否适宜当地种植。特别应该注意的是：外地引进的种子，即使是经过国家审定的品种也要经过本地区试验示范后确认适宜种植，才能购买、使用。

3. 索要发票 无论在何处购买种子，都要向销售方索要购种票据，票据要详细注明所购种子的品名、数量、生产地等，并妥善保存。

4. 保留样本和包装袋 播种时不要将种子全部用完，要有意保留一点作标本，以便对种子质量跟踪。

四、玉米种子活力鉴别法

1. 外观目测法 用肉眼观察玉米种胚形状和色泽。凡色泽颜色鲜亮有光泽的种子为当年新种，生活力强，可作生产用种。

2. 红墨水染色法 以1份市售红墨水加19份自来水配成染色剂；随机抽取100粒玉米种子，用水浸泡两小时，让其吸胀；用镊子把吸胀的种胚、乳胚一一剥出；将处理后种子均匀置于培养器内，注入染色剂，以淹没种子为度，染色15 ~ 20分钟后，倾出染色剂，用自来水反复冲洗种子。死种胚、胚乳呈现深红色，活种胚不被染色或略带浅红色，据此判断活种子数，除以100，乘以100%，则为发芽率。

3. 浸种催芽法 先将100粒种子用水浸约2小时吸胀，放于湿润草纸上，盖以湿润草纸，置于氧气充足、室温10 ~ 20℃环境中，让种子充分发芽；再以发芽的种子粒数除以100，乘以100%，求得发芽率。

浸种发芽3天后记载种子发芽势，7天后计算种子发芽率。

发芽势＝（3天内发芽的种子粒数/供试种子粒数）×100%

发芽率＝（全部发芽的种子粒数/供试种子粒数）×100%

附录10　如何鉴别真假化肥（全国农业技术推广服务中心，2011）

（一）包装鉴别法

1. 标志鉴别　国家有关部门规定，化肥包装袋上必须注明产品名称、养分含量、等级、商标、净重、标准代号、厂名、厂址、生产许可证代号等。如果没有上述标志或标志不完整，则可能是假冒或劣质化肥。

2. 检查包装袋封口　对包装封口有明显拆痕的化肥要特别注意，这是有可能掺假的表现。

（二）形状、颜色鉴别法

①尿素为白色或淡黄色，呈颗粒状、针状或棱柱状结晶体，无粉末或少有粉末。

②硫酸铵除副产品外为白色晶体。

③氯化铵为白色或淡黄色结晶。

④碳酸氢铵呈白色颗粒状结晶，也有厂家生产大颗粒扁球形状碳酸氢铵。

⑤过磷酸钙为灰白色或浅灰色粉末。

⑥重过磷酸钙为深灰色、灰白色颗粒或粉末。

⑦硫酸钾为白色晶体或粉末。

⑧氯化钾为白色或淡红色颗粒。

（三）气味鉴别法

有明显刺鼻氨味的颗粒是碳酸氢铵；有酸味的细粉是重过磷酸钙；如果过磷酸钙有很刺鼻的酸味，则说明生产过程中很可能使用了废硫酸。这种化肥有很大的毒性，极易损伤或烧伤作物。

需要注意的是，有些化肥虽是真的，但含量很低，属于劣质化肥，肥效不大，购买时应请专业人员鉴定。

主要参考文献

陈捷，薛春生，刘志诚，等. 2003. 玉米病虫害诊断与防治[M]. 北京：金盾出版社.

陈捷 .2009. 玉米病害诊断与防治[M]. 北京：金盾出版社.

郭庆法，王庆成，汪黎明 .2004. 中国玉米栽培学[M]. 上海：上海科学技术出版社.

李少昆，赖军臣，明博 .2009. 玉米病虫草害诊断专家系统[M]. 北京：中国农业科学技术出版社.

马国瑞 .2002. 农作物营养失调症原色图谱[M]. 北京：中国农业出版社.

马奇祥，李正先，等 .1999. 玉米病虫害防治彩色图说[M]. 北京：中国农业出版社.

全国农业技术推广服务中心 .2011. 春玉米测土配方施肥技术[M]. 北京：中国农业出版社.

全国农业技术推广服务中心 .2011. 夏玉米测土配方施肥技术[M]. 北京：中国农业出版社.

石洁，王振营 .2011. 玉米病虫害防治彩色图谱[M]. 北京：中国农业出版社.

王晓鸣，石洁，晋齐鸣，等 .2010. 玉米病虫害田间手册：病虫害鉴别与抗性鉴定[M]. 北京：中国农业科学技术出版社.

徐秀德，刘志恒. 2009. 玉米病虫害原色图谱[M]. 北京：中国农业科学技术出版社.

张福锁，陈新平，陈清，等. 2009. 中国主要作物施肥指南[M]. 北京：中国农业大学出版社.

张玉聚，孙化田，楚桂芬 .2006. 除草剂安全使用与药害诊断原色图谱[M]. 北京：金盾出版社.

IOWA STATE UNIVERSITY EXTENSION. 2009. Corn Field Guide[M]. SOY INK.